打动人心的现代日式风格设计

版式、配色与字体

[日] ingectar-e 著
吴巧雪 译

人民邮电出版社
北京

图书在版编目（CIP）数据

打动人心的现代日式风格设计 ：版式、配色与字体 / (日) ingectar-e著 ；吴巧雪译. -- 北京 ：人民邮电出版社，2024.6
ISBN 978-7-115-63029-2

Ⅰ. ①打… Ⅱ. ①i… ②吴… Ⅲ. ①版式一设计 Ⅳ. ①TS881

中国国家版本馆CIP数据核字(2023)第204523号

内容提要

日式风格设计具有独特的美感，近年来愈发受到大众青睐，将其应用到版面设计中能收获意想不到的效果。本书基于传统日式风格，结合现代设计思想，为读者献上 53 个引人注目的版面设计案例，对应了日式风格设计的九大特点。对于各案例，除介绍其设计特征外，还介绍了其版式、配色和字体，以及相应设计技巧的多个应用实例，或者失败案例和成功案例的对比，旨在帮助读者快速掌握现代日式风格设计的原则和要点。

本书适合新媒体运营人员、平面设计师、相关专业的在校生，以及对日式风格设计感兴趣的读者学习与参考，希望读者能从本书中汲取灵感，获得设计新思路。

◆ 著　　[日] ingectar-e
译　　吴巧雪
责任编辑　王　冉
责任印制　马振武
◆ 人民邮电出版社出版发行　北京市丰台区成寿寺路 11 号
邮编　100164　电子邮件　315@ptpress.com.cn
网址　https://www.ptpress.com.cn
北京盛通印刷股份有限公司印刷
◆ 开本：880×1230　1/32
印张：7.5　　2024 年 6 月第 1 版
字数：270 千字　　2024 年 6 月北京第 1 次印刷
著作权合同登记号　图字：01-2023-0220 号

定价：79.90 元

读者服务热线：(010)81055410　印装质量热线：(010)81055316
反盗版热线：(010)81055315
广告经营许可证：京东市监广登字 20170147 号

PREFACE

前 言

日本文化备受世界瞩目。
现今，在这个尊重多样性和全球化的时代，日式风格越来越受到人们的肯定。

于是，我们重新审视“富有现代感的日式风格设计”这一主题，将珍藏已久的版面设计灵感汇编成一本书，向大家展现日式版面设计的魅力。
本书将带着大家追溯日本艺术和版面设计的根源，通过丰富的案例讲解将日式风格融入现代版面设计中的要点。

本书以日式风格设计的九大特点为主题，从日本吉祥物和日本传统纹样等经典素材的使用方法，到现在流行的创作手法，多角度介绍日式风格设计。

希望全新的日式设计风格能够为你的创作提供灵感。

COMPOSITION

本书的结构

本书精选九大主题共53个日式风格设计案例，每个案例各用4个版面进行简单介绍。

版面
1-2

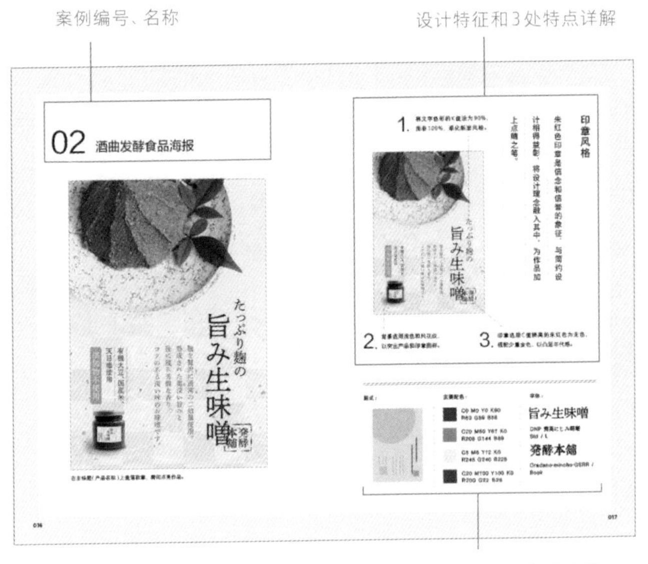

温馨提示

本书收录的作品案例中涉及的人名、组织名称、地址及电话等均为虚构。

版面

3-4

多个应用实例 …… 介绍运用了该案例设计技巧的多个实例。

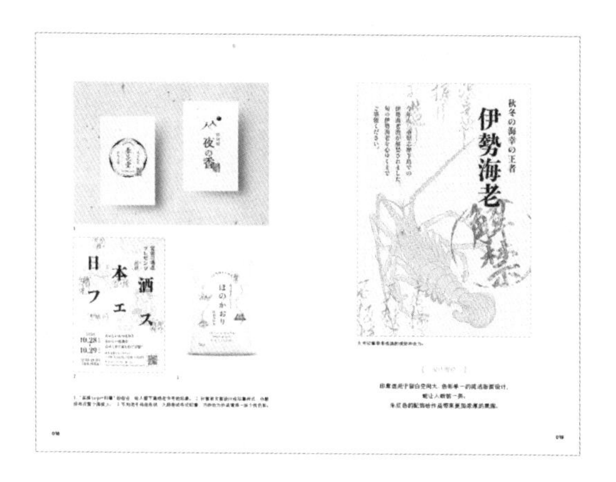

OR

案例技巧介绍 …… 对比失败案例和成功案例，分享成功秘诀。

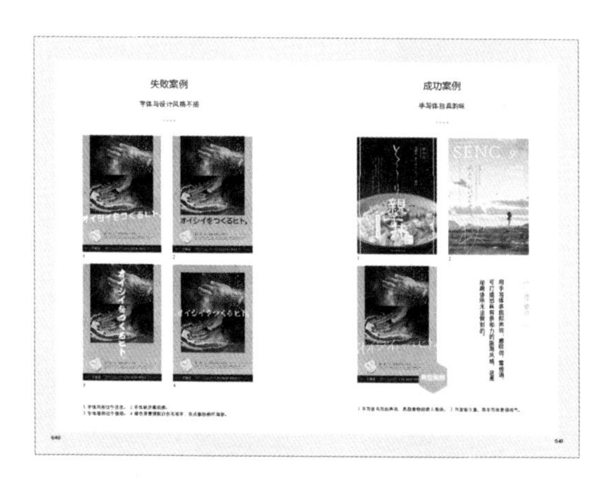

CONTENTS

目录

愛しの
民芸
キャラ
展
和の歴史とかわいさが、あふれてる
2023
10.14
12.10
TAKATSUKI
民芸ミュージアム
48

百田大五郎
三遊亭文録
TALK
SESSION
「おもしろい食のお話あれこれ今昔」
2023年11月26日
49

京都工芸
コンペティション
2023
KYOTO
CRAFTS
COMPETITION
50

潤イ椿
51

山紫屋
ESTABLISHED
52

波上ビエンナーレ
NAMINOUE
BIENNALE
2023
現代日本画展
53

第 1 章

简

01 —— 06

留白韵味无穷，
配色简约干净，
无多余的设计元素，
朴素纯净，
恰到好处。

01 水墨艺术家画展传单

裁切水墨画素材，充分留白，衬托出水墨的流动美感。

大胆留白

避免设计元素占满版面，利用留白赋予版面空间美感。

1. 大胆裁切富有张力的水墨画，为版面带来动感。

2. 大片留白，反衬出水墨的气势，引发无穷的联想。

3. 通过不同字重的对比，形成张弛有度的标题设计。

版式：

主要配色：

C0 M0 Y0 K100
R0 G0 B0

C45 M38 Y38 K3
R154 G150 B146

C3 M3 Y5 K1
R248 G247 B243

字体：

仁科東陣

凸版文久見出し明朝 Std / EB

2.11 SAT

Belda / Ext Black

1

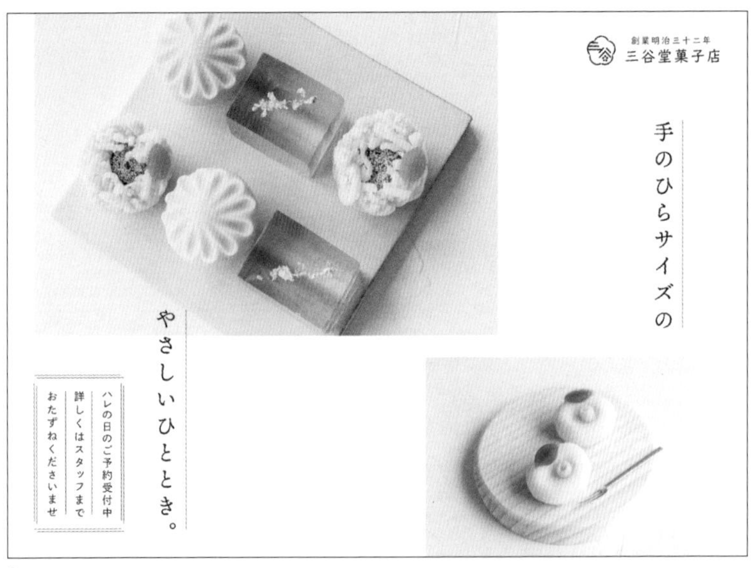

2

1. 将模糊文字作为背景，营造版面的纵深感。
2. 左右留白，让视觉空间更加开阔，营造出温柔、高雅的氛围。

极力精简版面信息，将其汇集至版面中部。四周的大片留白，让人感受到大自然的静谧、清新之美。

【 设计要点 】

留白不仅能带来高雅感，还能让版面显得干净，
引导读者将注意力集中到文案上，增强可读性。

02 酒曲发酵食品海报

在主标题(产品名称)上盖落款章，瞬间点亮作品。

印章风格

朱红色印章是信念和信誉的象征，与简约设计相得益彰，将设计理念融入其中，为作品加上点睛之笔。

1. 将文字色彩的K值设为90%，而非100%，柔化版面风格。

2. 背景选用浅色和风花纹，以突出产品和印章图样。

3. 印章选用C值稍高的朱红色为主色，搭配少量金色，以凸显年代感。

版式：

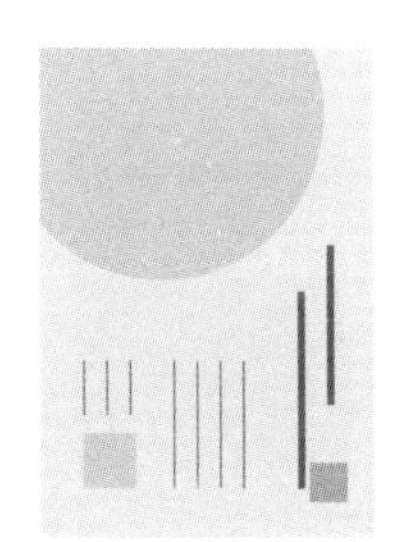

主要配色：

C0 M0 Y0 K90
R63 G59 B58

C20 M50 Y67 K0
R208 G144 B89

C5 M6 Y12 K0
R245 G240 B228

C20 M100 Y100 K0
R200 G22 B29

字体：

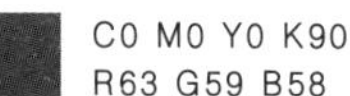
旨み生味噌

DNP 秀英にじみ明朝 Std / L

発酵本舗

Oradano-mincho-GSRR / Book

1

2

3

1.“品牌Logo+印章”的组合，给人留下高档老字号的印象。 2.刻意将文案设计成印章样式，分散排布在整幅海报上。 3.不拘泥于传统形状，大胆尝试各种印章，巧妙地为作品增添一抹个性色彩。

大号印章带来极强的视觉冲击力。

设计要点

印章适用于留白空间大、色彩单一的简洁版面设计，
能让人眼前一亮。
朱红色的配饰给作品带来更加浓厚的氛围。

03 日式点心店广告

将盘子置于版面中心，搭配少量的装饰元素，打造简约风格。

引人注目的中心构图

将视觉主体置于版面中心，形成具有象征意义的稳定构图。

1. 在版面的对角位置设置简单的线条，以突出视觉主体。

2. 手写体别具特色，为简约的设计锦上添花。

3. 文字的色调与花朵状糕点产品保持一致，保证风格的统一。

版式：

主要配色：

C40 M35 Y80 K0
R170 G158 B75

C35 M60 Y5 K0
R176 G119 B171

C25 M3 Y20 K0
R201 G226 B213

字体：

わがし
AP-OTF 解ミン 宙 StdN / R

Wagashi.
Herlyna / Regular

失败案例

视觉主体不够突出

1

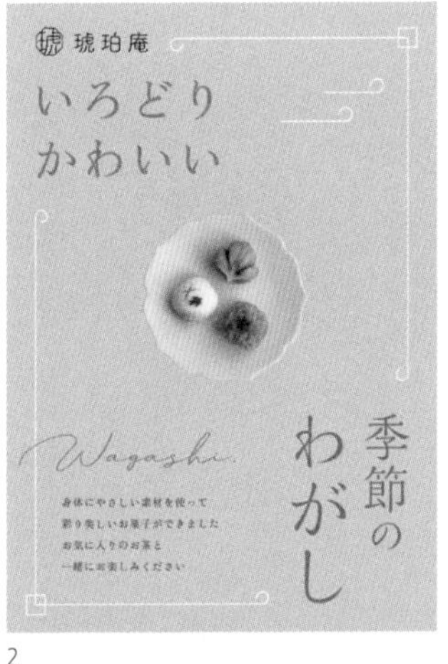

2

3

4

1. 配饰元素占比过大，弱化了中心构图所带来的主体突出效果。 2. 主体过小，视觉效果差。3. 主体偏右，未形成中心构图。 4. 主体过大。

成功案例

视觉主体吸引眼球

月蔵本舗
四種類の合わせだし
無添加
月蔵合わせだし
月蔵のSTORY
四種類の素材を合わせた深い旨味無添加のおだし

1

2

琥珀庵
いろどり
かわいい
Wagashi
身体にやさしい素材を使って
彩り美しいお菓子ができました
お気に入りのお茶と
一緒にお楽しみください
季節わがし

典型案例

设计要点

重点突出视觉主体，简化其余配饰元素，让版面产生对比，从而起到强调主体的作用。

1. 将插画置于版面中心，强化视觉主体。 2. 选用视觉效果强烈的照片作为视觉主体。

04 和服出租海报

文案和配饰元素均使用红色，与视觉主体色调保持统一，以营造高雅、华丽的氛围。

红白双主色

将红色和白色作为主色，营造出华美且喜庆的氛围，与简约设计相得益彰。

1. 视觉主体过于鲜明突出，通过设置留白减弱视觉冲击力。

2. 文案统一使用红色。

3. 点缀简单的和风配饰元素，打造视觉亮点。

版式：

主要配色：

C0 M100 Y100 K0
R230 G0 B18

字体：

朧長けた

貂明朝 / Regular

HAREYUI

Granville / Light

1

2

1. 采用红白双主色来构图，打造简约却不失视觉冲击力的作品。
2. 借助红白双主色统一风格，多种花纹并用也不显杂乱。

巧用红白双主色和配饰元素，打造优雅、华丽的产品展示图。包装盒色调也是设计的一环。

设计要点

红色给人以喜事与吉兆的印象。
白色取自纸或素材本身，再搭配红色，
形成简约而不失华丽的视觉印象。

05 日本传统舞蹈表演海报

优美的舞姿搭配大号、浅色文字，将日本传统舞蹈的美感展现得淋漓尽致。

着眼优美姿态

聚焦日本传统艺人与匠人的专注姿态，让观者对日本美学产生深刻印象。

1. 精选舞者优美舞姿，展现日本传统艺术的惊艳美感。

2. 将不同舞姿进行组合，为版面增添柔美动感。

3. 在和纸背景上，叠加半透明几何形外框，为设计融入现代感。

版式：

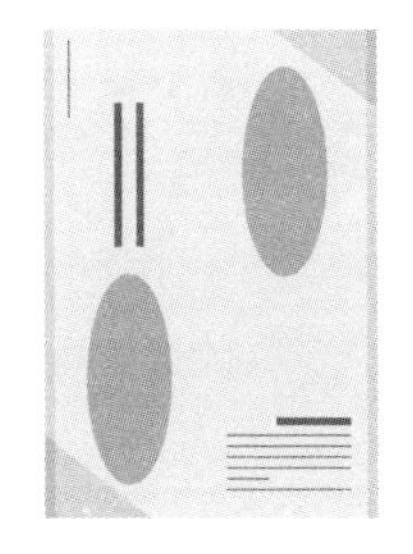

主要配色：

C56 M53 Y99 K5
R131 G116 B43

C16 M20 Y76 K0
R223 G199 B80

字体：

乱舞

砧 丸明Fuji StdN / R

大いに舞え。

AP-OTF さくらぎ蛍雪 StdN /M

失败案例

视觉主体辨识度低

1

2

3

4

1.场景视角过广，人物重点不突出。 2.人物过小，存在感不强。
3.裁切不合理，人物动作不全。 4.人物过多，版面杂乱，难以辨识。

成功案例

充分刻画优美姿态

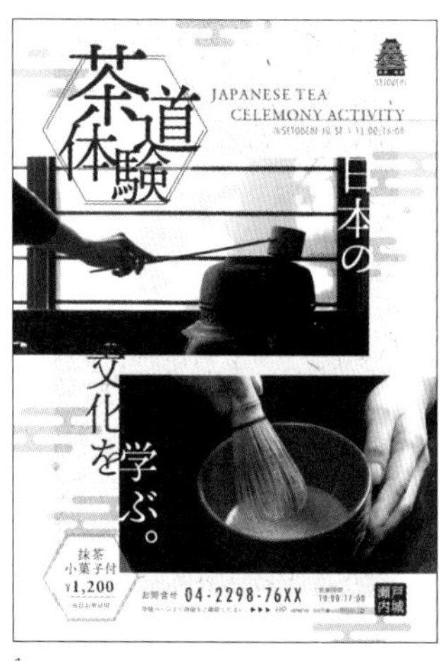

1

2

典型案例

【设计要点】

想要展示最美瞬间，窍门就是，将照片最具动感的部分放大，形成特写。采用全身照作为素材时，可以多尝试一些角度和姿势。

1.通过远景和近景的切换，制造视觉动线，突出茶道的优美姿态。

2.仅用色彩点亮一张图片，强调匠人手工作业时严肃、认真的态度。

06 寿司店开业海报

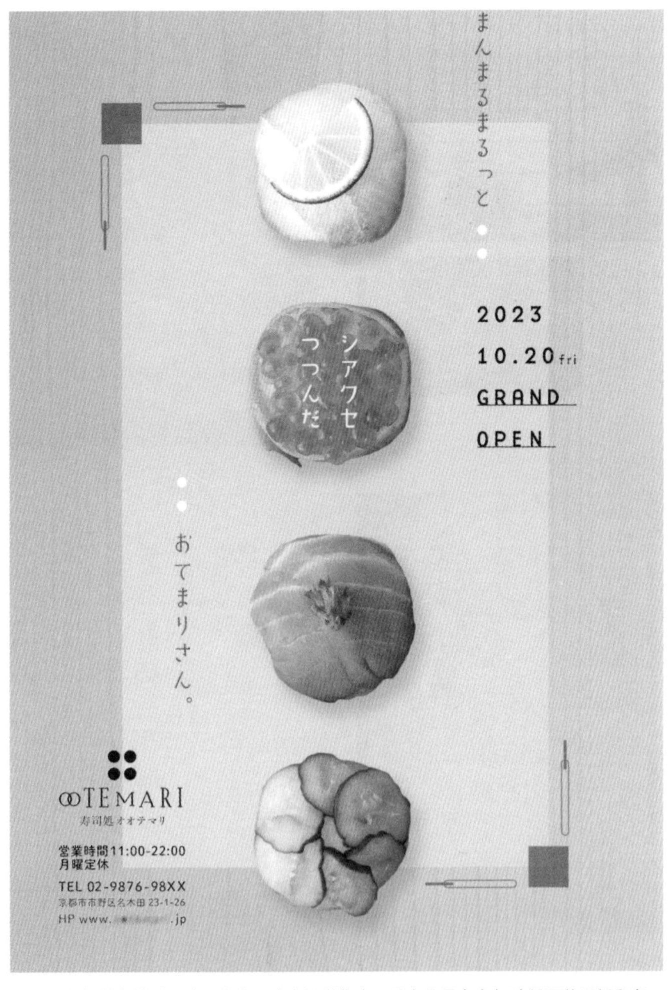

在版面中部纵向排列图片，使产品成为视觉焦点。重点是用文字打破版面的死板印象。

并排平列

将图片元素并排或平列，使整个版面显得井然有序。

1. 将图片元素纵向排列，营造视觉上的秩序感。

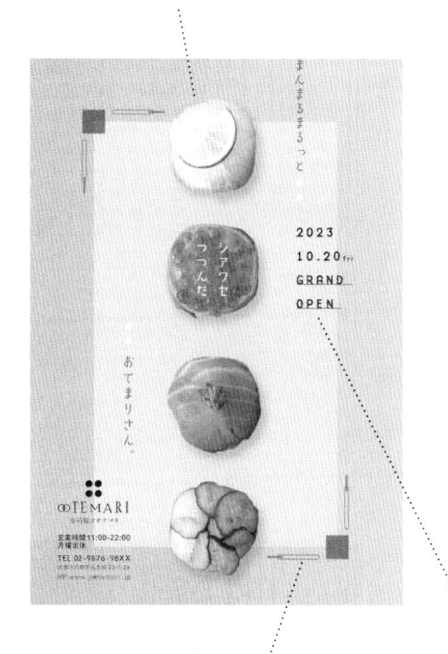

2. 运用简单的几何形配饰，营造日式风格氛围。

3. 将次要信息松散排版，为版面增添动感。

版式：

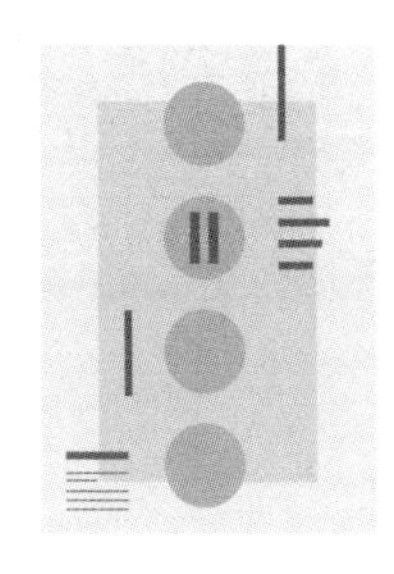

主要配色：

C11 M8 Y29 K0
R233 G229 B193

C16 M16 Y39 K0
R222 G210 B166

C32 M34 Y73 K19
R164 G145 B75

字体：

おてまりさん

AB-mayuminwalk /Regular

GRAND

Base 9 Sans OT / Regular

1

2

3

1. 图形元素顶端对齐排列。 2. 插画左右错位排列，两端大胆出血。
3. 纵向排列的图形组合形成时间序列。

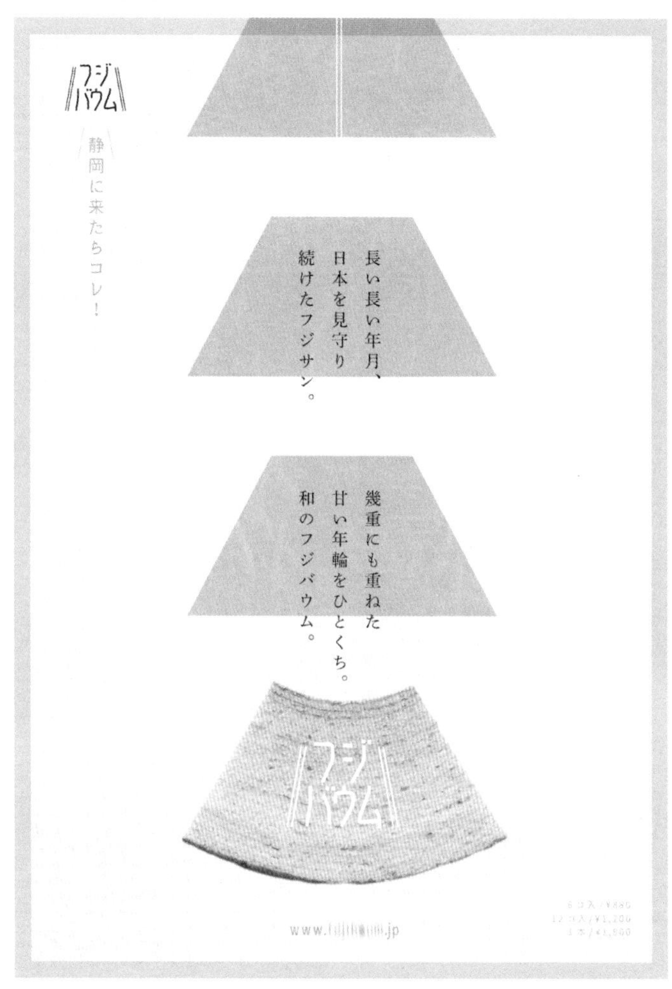

在重复的插画序列末尾插入一张实物图，增强视觉冲击力。

设计要点

只需要学会排列组合，就能打造整洁、漂亮的版面。
可通过对元素列进行局部调整，进一步创新表现手法。
设计诀窍在于多留白。

专栏

01

从日本画看留白

日本文化中有“留白”与“空间”的概念。这是一种独特的美学，其重要性在美术、书法、庭院设计等各种艺术和文化中都得以窥见。
留白不等同于设置多余的空间，而是指刻意留出空白，从而营造出别样的开阔感和氛围。
这一表现手法从古流传至今。不论是突出视觉主体，还是打造朴素感，留白在各式版面设计中都发挥着重要作用。
留白设计简约，可以营造无穷韵味，展现日本侘寂美学[1]。推荐将其应用到版面设计中。

◆ 留白效果 ◆

设计大片留白旨在突出视觉主体，同时也可加深鸟居[2]四周的空间感，增强视觉效果。

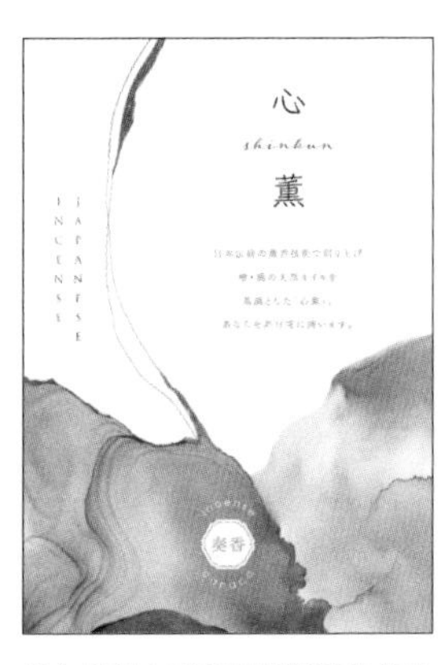

留白凸显水彩颜料缓缓滴下的轨迹，营造出一种绝美的意境。

日本画的留白

日本画的特征之一是通过残缺的背景来表现空间感与氛围。
在这幅作品中，背景除了雪，空无一物。画面上半部分的大片留白构图，将读者的思绪带入静谧的雪景之中。

上村松园《牡丹雪》（山种美术馆）

[1] 侘寂美学是一种以接受短暂和不完美为核心的日本传统美学。——译者注
[2] 鸟居是类似牌坊的日本神社附属建筑，代表神域的入口。——编辑注

第 2 章

07 —— 12

运用象征大自然的纹样和素材，创造出稳定、和谐的日式观感设计。

07 老字号乌冬面专卖店招聘广告

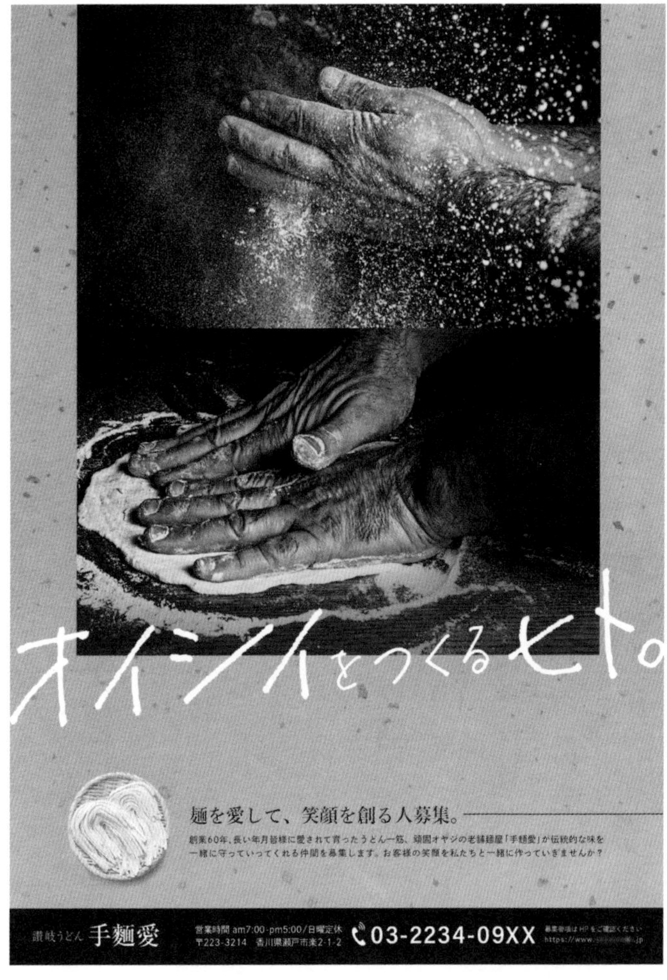

手写文案在简洁的版面上大放异彩，体现出商家对手擀面的认真与执着。

优美手写体

创作者的思想和个性，通过手写文字跃然纸上，给人以强烈印象。

1. 两张黑白照片平列排版，强调和面时手部的动作。

2. 文案用日式手写字体来表现，增强感染力。

3. 将和纸作为背景，突出日本料理氛围和老字号招牌。

版式：

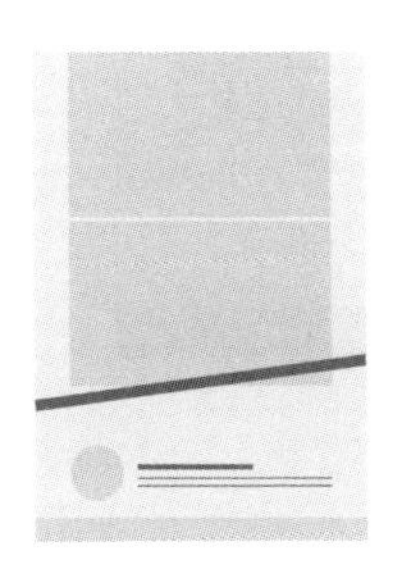

主要配色：

C27 M22 Y25 K0
R196 G193 B186

C16 M25 Y44 K0
R220 G194 B149

C0 M0 Y0 K100
R0 G0 B0

字体：

麺を愛して

DNP 秀英明朝 Pr6 / B

創業60年

DNP 秀英角ゴシック銀 Std /B

失败案例

字体与设计风格不搭

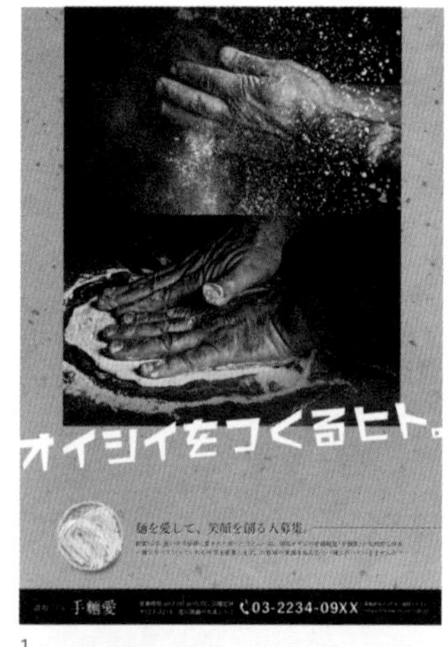

1

2

3

オイシイをつくるヒト。

麺を愛して、笑顔を創る人募集。

手麺愛　03-2234-09XX

4

1. 字体风格过于活泼。 2. 字体缺乏高级感。
3. 字体笔势过于强劲。 4. 暗色背景搭配白色毛笔字，有点像恐怖片海报。

成功案例

手写体独具韵味

1

2

典型案例

设计要点

用手写体表现拟声词、感叹词、宣传语，可打造出具有亲和力的版面风格，这是印刷体所无法做到的。

1. 用手写体书写拟声词，可以表现食物的诱人美味。 2. 方言版文案，用手写体更接地气。

08 展览会海报

传统纹样风格样式趋于古朴，可将其裁切成柔和形状，搭配低饱和度色彩，达到柔化风格的目的。

传统纹样填充法

日本传统纹样应用方式多种多样，将其作为背景使用，可以使版面呈现出日式风格。

1. 沿着曲线裁剪纹样，为版面增添适度的松弛感。

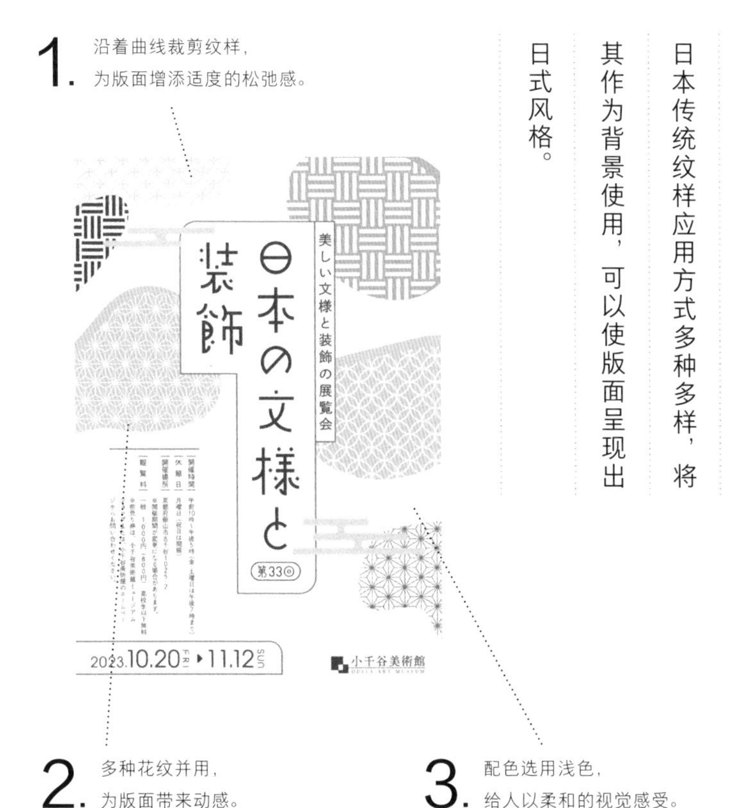

2. 多种花纹并用，为版面带来动感。

3. 配色选用浅色，给人以柔和的视觉感受。

版式：

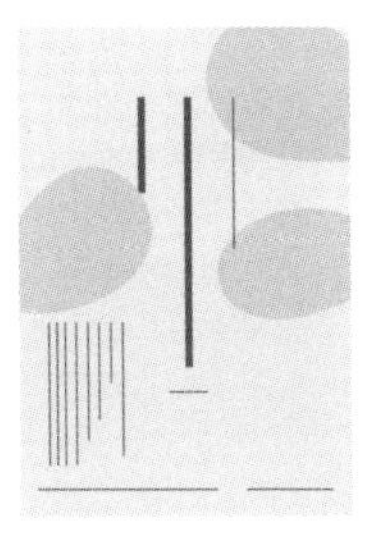

主要配色：

C0 M24 Y27 K0
R250 G209 B183

C31 M2 Y16 K0
R186 G222 B220

C62 M64 Y100 K24
R102 G83 B36

字体：

日本の文様

AB-suzume / Regular

小千谷美術館

貂明朝 / Regular

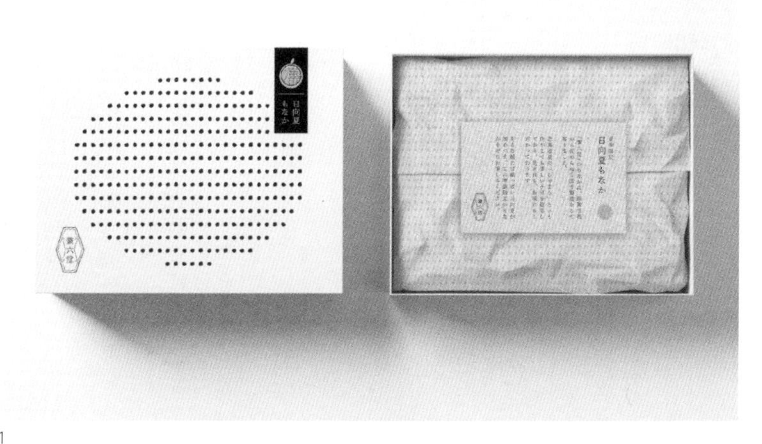

1

2

1. 将纹样裁切成椭圆形，并将其作为包装盒的封面。
2. 对纹样进行轻微的透明化和模糊化处理，打造高级、优雅的包装设计。

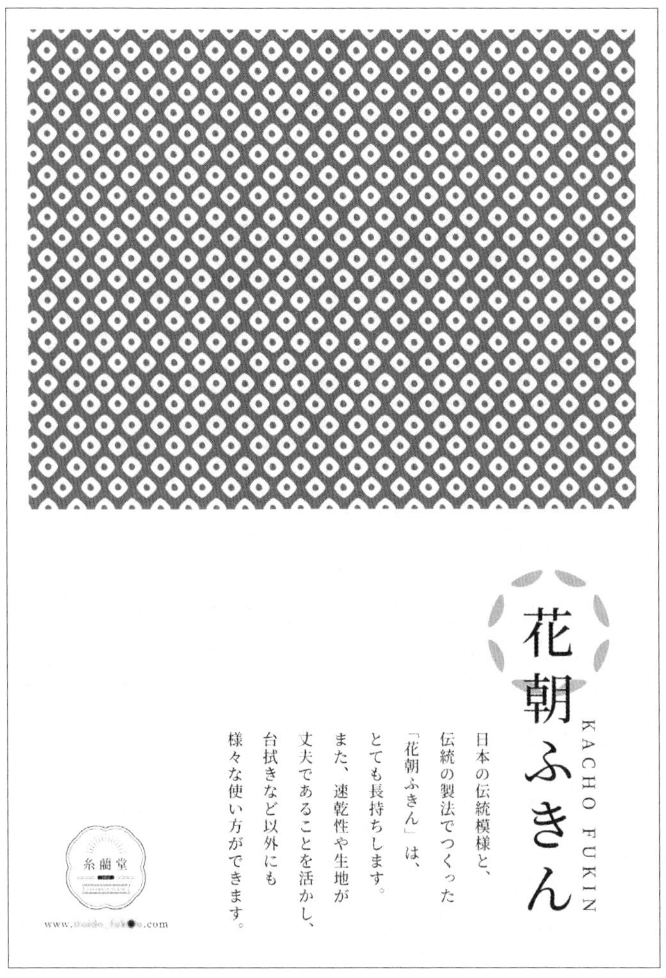

以日本传统纹样为视觉主体，并在设计中保证充足的留白空间，能够营造出高雅的氛围。

【设计要点】

不要盲目用图案填充整个版面，
局部运用图案，适度留白，
清新脱俗，效果更佳。

09 诗集封面

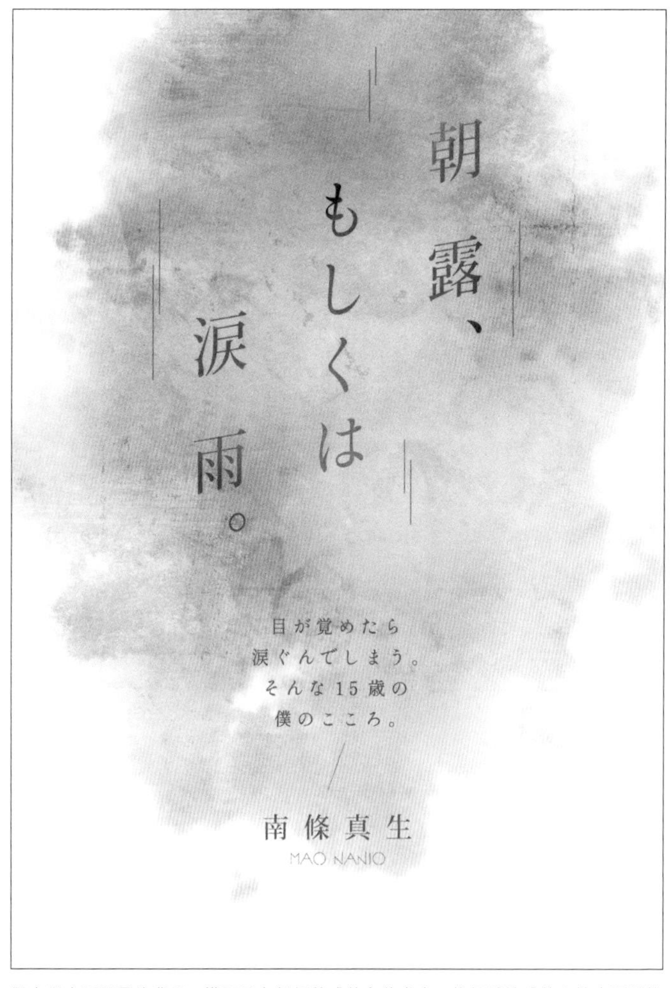

用水彩大面积晕染背景，搭配具有纤细美感的宋体书名，将细腻敏感的心情表现得惟妙惟肖。

独具晕染美感的水彩

颜料的晕染效果无法人为营造，通过运用这种细腻的表现手法，可以展现出一种虚幻玄妙的美感，从而引发读者的共鸣。

1. 多种色彩晕染重合，更加富有韵味。

2. 运用淡色水彩背景，使作品焕发美感。

3. 设置大片留白空间，凸显水彩的朦胧美感。

版式：

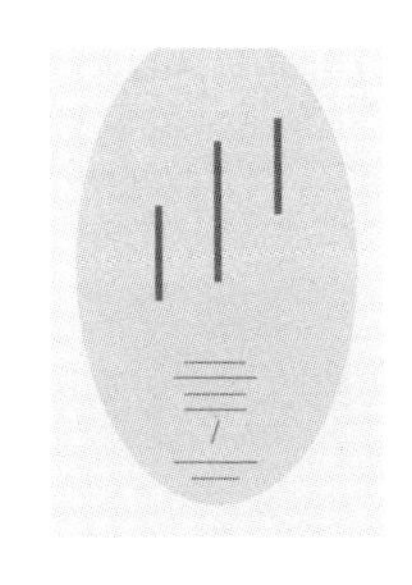

主要配色：

C35 M5 Y5 K0
R175 G215 B236

C10 M25 Y0 K0
R230 G203 B226

C32 M25 Y3 K0
R183 G186 B218

字体：

朝露、もしくは

りょう Display PlusN / M

目が覚めたら

しっぽり明朝 / Regular

1

2

3

4

1. 加深局部色彩，使色调更有深度。 2. 综合使用多种笔触与绘画手法。
3. 水彩斑点多重叠加。 4. 在水彩背景上铺设精致的折线花纹。

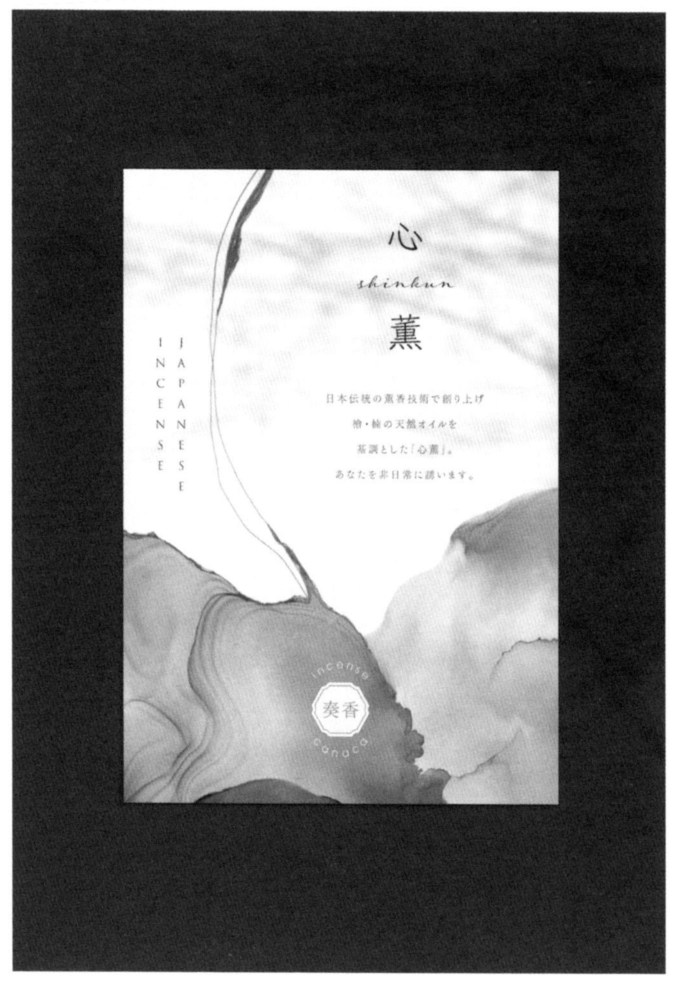

水彩颜料穿过大片留白，留下几道如烟的轨迹，将香薰广告的梦幻氛围诠释得恰到好处。

【 设计要点 】

模糊且抽象的晕染效果，

非常适用于嗅觉、味觉、触觉、视觉交融的多感官体验设计。

10 日本料理新品海报

将和纸肌理作为背景，烘托出正宗日式料理的氛围。

和纸肌理

将和纸肌理作为背景，能为版面增添高级感与柔和感，进一步烘托出日式风格氛围。

1. 对文字与插画进行透明化处理，并使其叠加，以获得更为自然的视觉效果。

2. 浅色更能凸显和纸的肌理。

3. 精选纹理精致的和纸素材。

版式：

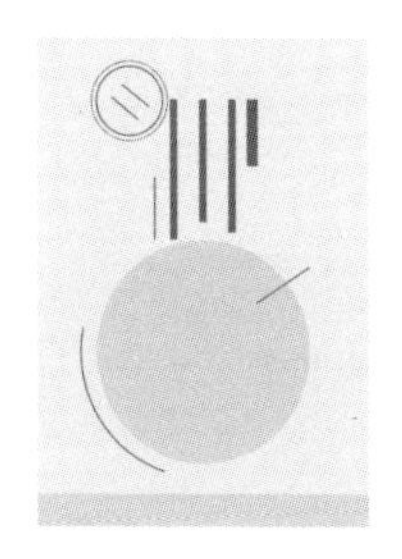

主要配色：

C26 M85 Y98 K0
R193 G70 B32

C50 M13 Y37 K0
R138 G186 B169

C77 M59 Y71 K20
R68 G88 B75

字体：

信州サーモン

VDL V７明朝 / B

New!

Duos Round Pro / Regular

1

2

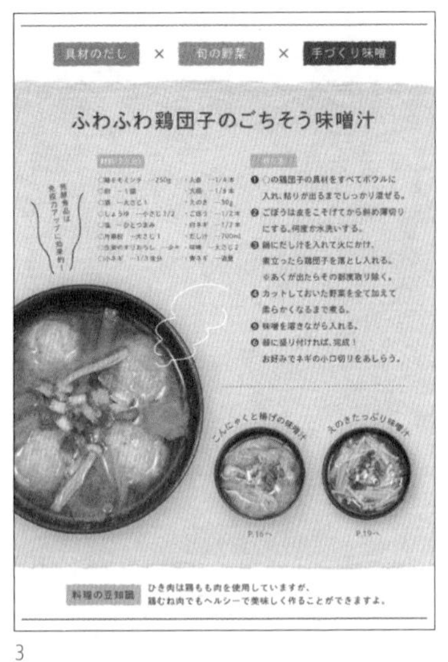

3

1. 在和纸肌理上叠加渐变色，衬托出产品的水润感。 2. 将设计元素印刷在纯手工抄造的和纸上。
3. 和纸粗糙不平的边缘，传递出料理的温暖、精致感。

大片留白增强了和纸的存在感，即使设计元素并不多，版面也不会显得空旷。

【 设计要点 】

印章或版画等具有磨损残旧质感的图样，可与和纸相得益彰。

设计窍门在于打造逼真的手写或印刷效果。

11 神社观光旅游宣传广告

在风景照上叠加烟霞等和风纹样，创造出轻松浪漫的场景。

经典和风配饰纹样——烟霞

日本的古老自然纹样，如工字形烟霞、流水、波浪等，可谓万能配饰素材，只要在设计中加以运用，就能营造出日式风格氛围。

1. 在工字形烟霞上叠加青海波[1]和花朵图案，增强版面美感。

2. 在装饰纹样的环绕下，优美的短句仿佛拥有了生命。

3. 通过纹样的排版设计，制造视觉动线，起到视线引导作用。

版式：

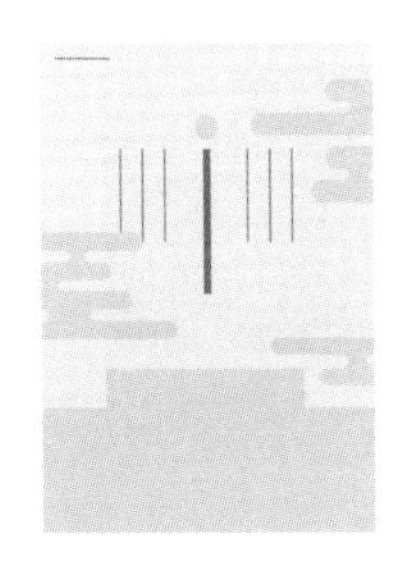

主要配色：

C44 M3 Y13 K0
R151 G208 B221

C62 M55 Y58 K25
R98 G94 B86

C7 M5 Y29 K0
R241 G237 B196

字体：

鳳妙神社

貂明朝テキスト / Regular

[1] 青海波是一种日本传统纹样，其特点在于呈现半圆形叠层，形态类似于波浪的反复涌现。详细介绍可参阅144页。——译者注

失败案例

烟霞过于显眼

1

2

3

4

1. 烟霞数量过多。 2. 烟霞图形太大。
3. 烟霞色调过深。 4. 色彩杂乱，十分扎眼。

成功案例

巧妙打造日式风格

1

2

典型案例

设计要点

使用烟霞、青海波、云彩等自然元素纹样进行创作时，可以将其作为配饰，巧妙营造适度的美感，这便是打造优雅日式风格的秘诀。

1.城楼搭配烟霞与青海波，显得别具一格。 2.在云彩的缝隙间隐约能看到产品的模样。

12 北海道物产展览会海报

治愈系手绘插画在地方特产、旅游景点等的广告宣传中具有广泛的应用。

治愈系手绘插画

带有水彩、版画、彩铅笔触的治愈系手绘插画，风格柔和，亲和力十足。

1. 在主标题周围铺设迷你插画，彰显物产的丰富。

2. 标题选用与插画相似的柔和色调，打造整体风格的和谐统一。

3. 加入当地地图元素，突出个性化定制。

版式：

主要配色：

C1 M3 Y10 K0
R254 G249 B235

C11 M15 Y58 K27
R189 G173 B102

C6 M52 Y80 K0
R233 G146 B59

字体：

北海道

AB-babywalk / Regular

12.26(金)

游明朝体+36ポかな / Demibold

1.封面选用一整张日本风景画。 2.柔和的笔触勾勒出产品的特点。
3.与传统的实物图相比，采用手绘插画风格的产品图更具亲和力，能给人一种新颖的视觉体验。

可以融入各种形式的手绘插画，像菜谱一样生动有趣地说明梅酒制作步骤。

【 设计要点 】

有趣的手绘插画本身已经足够吸引眼球。
在设计时，避免选择风格过于强烈的手绘插画，
推荐使用具有亲和力的治愈系手绘插画。

专栏

02

讲究情趣的构图

现代平面设计的构图法大致可分为两大类：对称式构图和不对称式构图。你知道吗，其实在很早以前，日本人就在文化艺术作品中应用不对称式构图法了。古代日本人认为，留白和不对称所产生的视觉流动和残缺感，反映出事物的自然状态，是艺术作品的精髓所在。与之相反，在西方传统设计中，完美、漂亮的左右对称式构图更受青睐。左右对称式构图在日本也很常见。

在设计多元化的现代，这两种构图法被广泛运用于日式风格设计中，所呈现出来的视觉效果各不相同。

进行版面设计时要根据实际情况，选择符合设计目的和风格的构图法。

◆ 两种构图法所带来的不同视觉效果 ◆

左右不对称

利用尺寸、配置的不平衡，使版面内容动起来。再对留白加以装饰，进一步激发活力。

左右对称

对称式构图干净整洁，可与象征性表现手法结合使用，突出视觉主体，也能用于表现秩序感。

日本画中的不对称式构图

在桃山时代[1]后期，随着琳派[2]的出现，大胆的不对称式构图法被广泛推广应用。疏密有致的琳派艺术风格，对近代日本的艺术和设计都产生了深远影响。

尾形光琳《八桥图屏风》(大都会艺术博物馆)

[1] 桃山时代的全称为安土桃山时代（1573—1603年），是织田信长与丰臣秀吉称霸日本的时代。——译者注

[2] 琳派是兴起于日本桃山时代后期、活跃到近代的一个造型艺术流派。——译者注

第 3 章

愉

13 —— 19

实现传统向现代的文化升级。

将有趣的灵魂融入设计，

打造精致可爱的日式风格。

13 插花教室广告

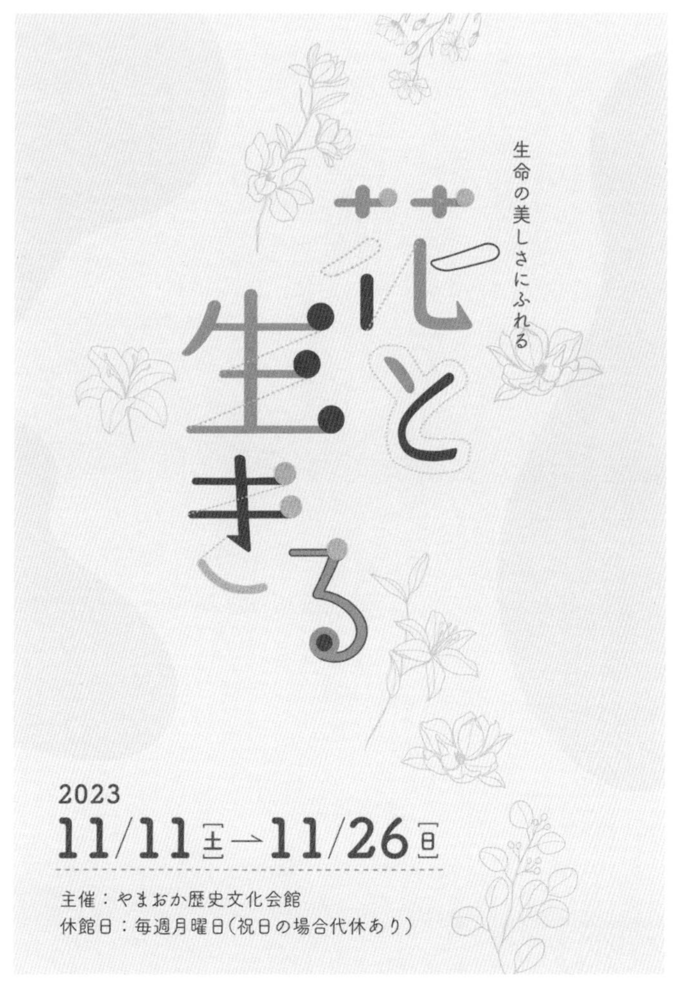

以轻柔可爱的花儿为意象，创作艺术字主标题。

创意文字设计

巧用图形和线条，将文字玩出花样。打破条条框框，自由地创作有趣的字体。

1. 将图形和线条组合成文字。

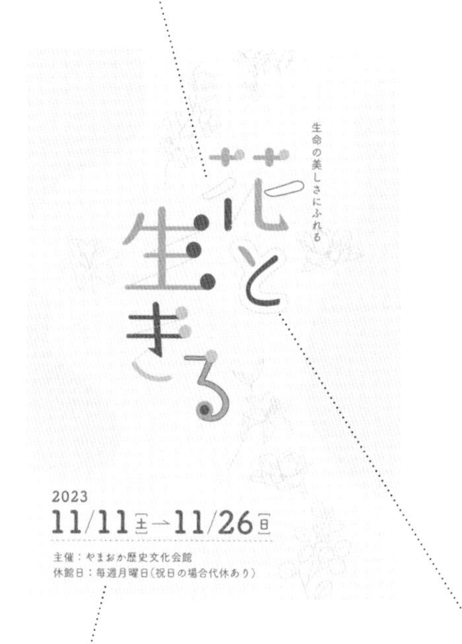

2. 只有主标题使用创意文字。其余文字则选用具有易读性的印刷体。

3. 统一各笔画的色调，强化主标题的整体感。

版式：

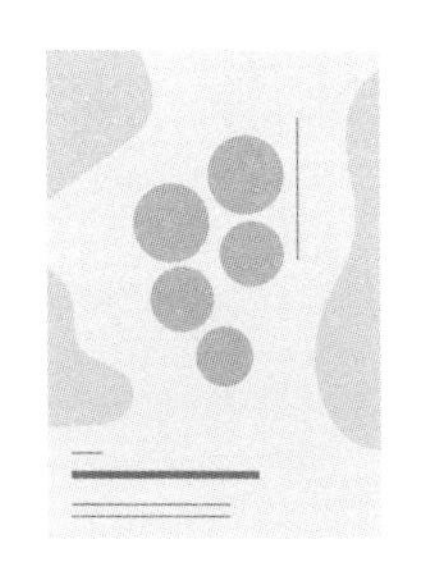

主要配色：

C40 M77 Y24 K0
R168 G84 B132

C34 M34 Y11 K0
R179 G169 B196

C0 M18 Y90 K13
R232 G195 B5

字体：

生命の美しさ

FOT-筑紫B丸ゴシック Std / R

11/11土

FOT-筑紫B丸ゴシック Std / B

1

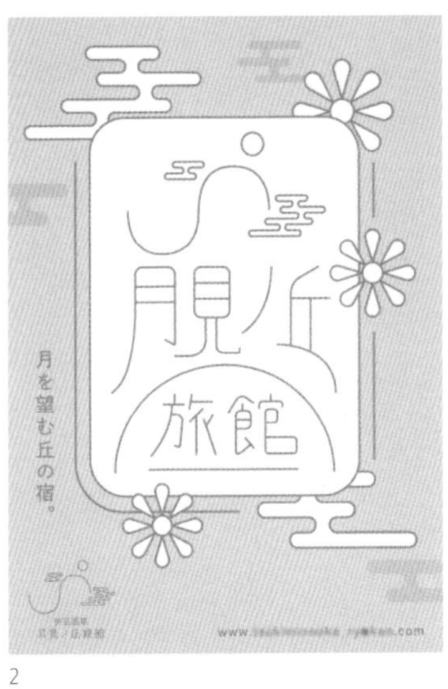

2

3

1. 将酒元素融入文字设计。2. 文字由细线组合而成。
3. 笔画不完全封闭，显得没那么死板。

这些创意字体的笔画采用多种颜色，展现出五彩斑斓的效果。

【 设计要点 】

字体设计的基本要求是让读者能够读懂文字。
在拆解与重组的过程中，
要保持每一个文字的完整性。

14 日本相声演出海报

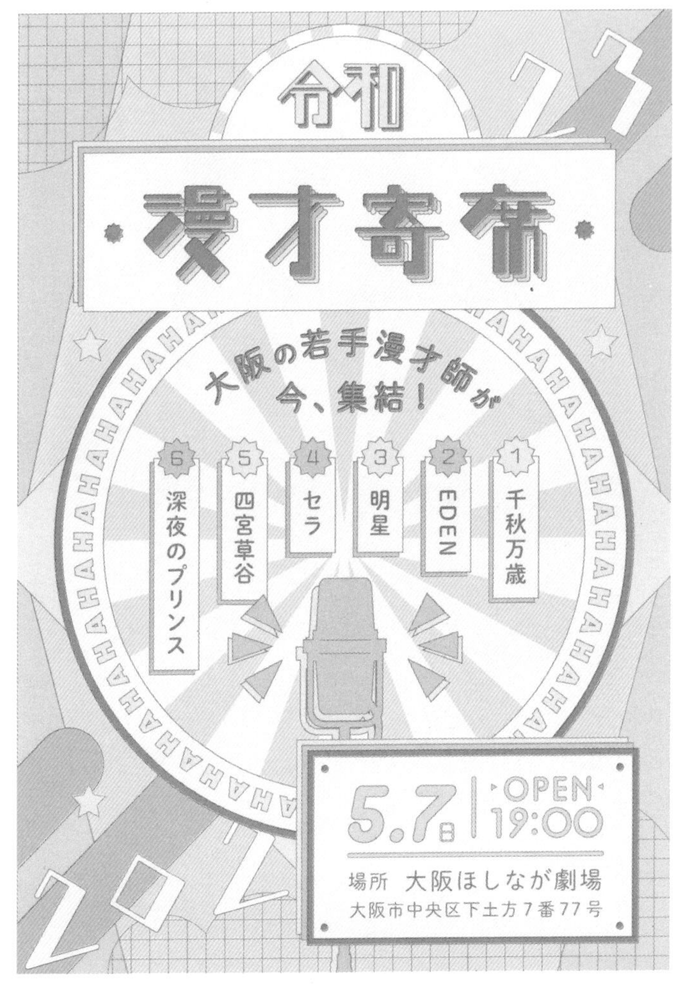

纤细的镶边线搭配多彩的填充色，完美诠释出日本相声表演热闹、有趣的氛围。

20世纪80年代喜剧风

对图片或文字进行描边处理，打造复古且有趣、个性且潮流的怀旧风格。

1. 复制并斜向平移描边文字，创造出三维立体感。

2. 节目名单的版面设计，借鉴了日本传统相声表演剧目的招牌风格。

3. 浅色系配色，完美复刻20世纪80年代潮流风格。

版式：

主要配色：

C0 M57 Y18 K0
R239 G141 B161

C15 M0 Y30 K0
R226 G238 B197

C39 M0 Y13 K0
R164 G217 B225

C0 M3 Y10 K0
R255 G250 B236

字体：

漫才寄席

TA-方縦M500 / Regular

5.7

BC Alphapipe / Bold Italic

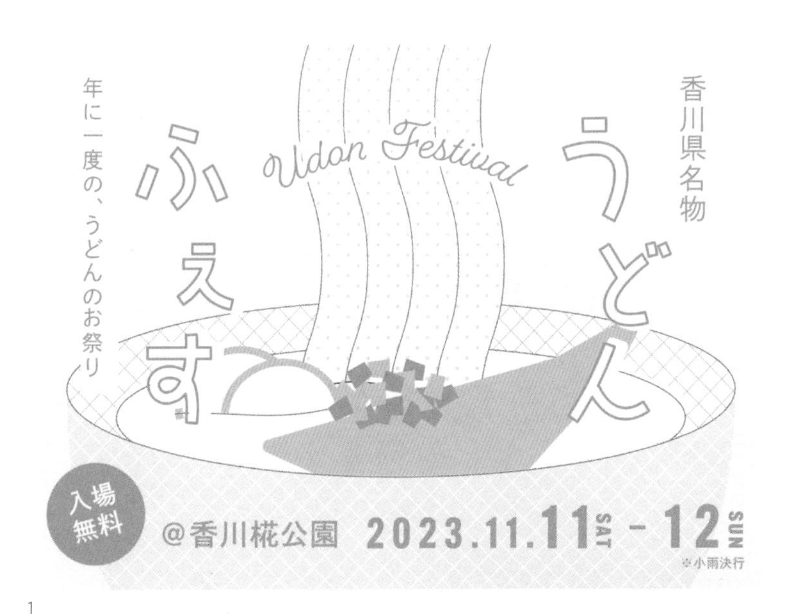

1

2

3

1. 为线稿填充圆点或格子图案，打造漫画风格。 2. 用极少的色彩制作浅色渐变效果，形成统一风格。
3. 鲜艳背景搭配白色线条，打造具有现代感的个性风格。

用粗线锁住彩色颜料，勾勒出有趣的插画图形，感染力极强。

〖 设计要点 〗

通过对图形进行描边处理，强调外轮廓，凸显内容风格。

视觉效果取决于线条粗细和整体配色，记得多加尝试不同的组合。

15 陶瓷展览会海报

传统藏青色搭配高饱和度粉色，这种具有现代感的撞色极富视觉冲击力。

利用色彩制造反差

将产品图或和风元素与鲜艳色彩大胆结合，创造出符合现代审美的视觉设计。

1. 文字与产品图有机结合，为版面增添动感效果。

3. 选用与产品图形状相似的圆形作为配饰，使风格更加自由大胆。

2. 鲜艳大胆的配色，符合现代审美。

版式：

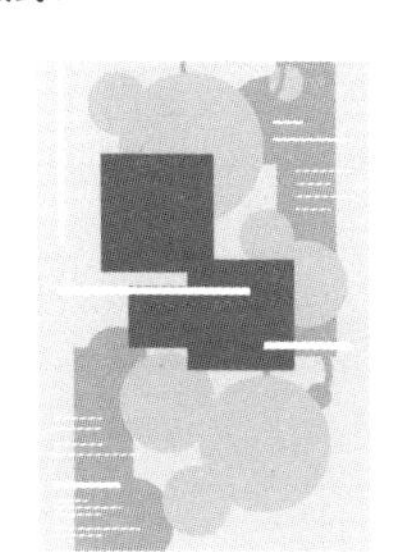

主要配色：

C52 M43 Y41 K0
R140 G140 B139

C2 M80 Y15 K0
R230 G83 B137

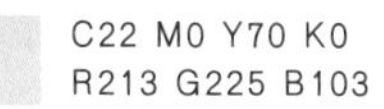

C22 M0 Y70 K0
R213 G225 B103

C100 M100 Y57 K22
R24 G35 B73

字体：

器の華

砧 丸明Fuji StdN / R

UTSUWA

Acumin Pro SemiCondensed / Extra Light Italic

失败案例

配色破坏整体风格

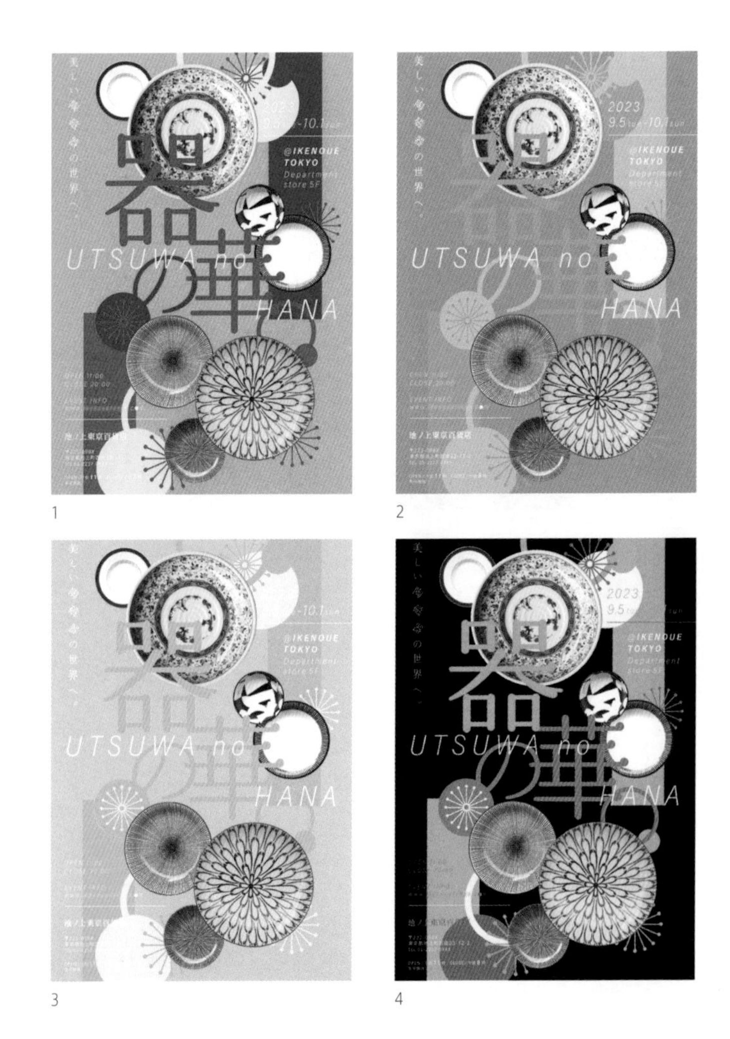

1. 虽然色彩搭配符合日式风格，但色彩过于鲜艳。 2. 近似色之间对比度偏低。
3. 冰激凌色与整体设计风格不搭。 4. 互补色的配色组合，容易导致视觉疲劳。

成功案例

魅力十足的现代风格配色

1

2

设计要点

如何打造吸引年轻人目光的日式风格？关键在于配色。推荐使用传统色彩与鲜艳色彩的配色组合，视觉效果较好。

1.霓虹色与可爱的插画元素适配度高。

2.使用高饱和度的配色后，古朴的和风花纹也变得具有现代感。

16 日用品快闪店广告

将写实风格的产品图分散排版，打造轻松明快的设计风格。

自由随性的挖版图

挖版图的轮廓感强，适合灵活构图，轻松打造自由版面。

1. 只要产品图的尺寸大致统一，随意排版也不会显得过于杂乱。

2. 对英文粗无衬线体进行描边处理，减轻字体的厚重感。

3. 挖版图轮廓清晰，易于辨识，可以起到强调作用。

版式：

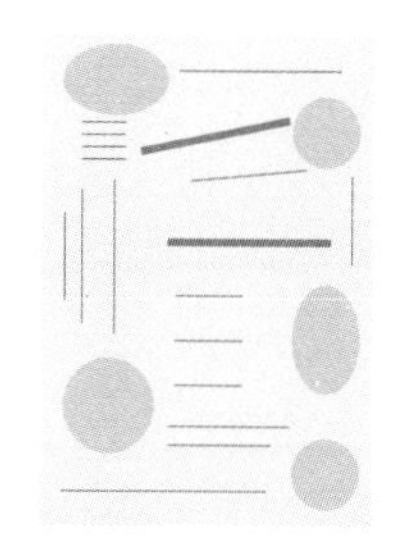

主要配色：

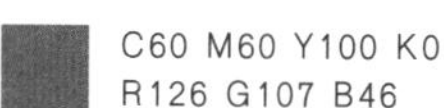
C60 M60 Y100 K0
R126 G107 B46

C25 M36 Y56 K0
R201 G168 B118

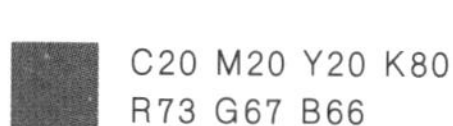
C20 M20 Y20 K80
R73 G67 B66

字体：

暮らしの道具
貂明朝テキスト / Regular

Market
Fieldwork / Geo DemiBold

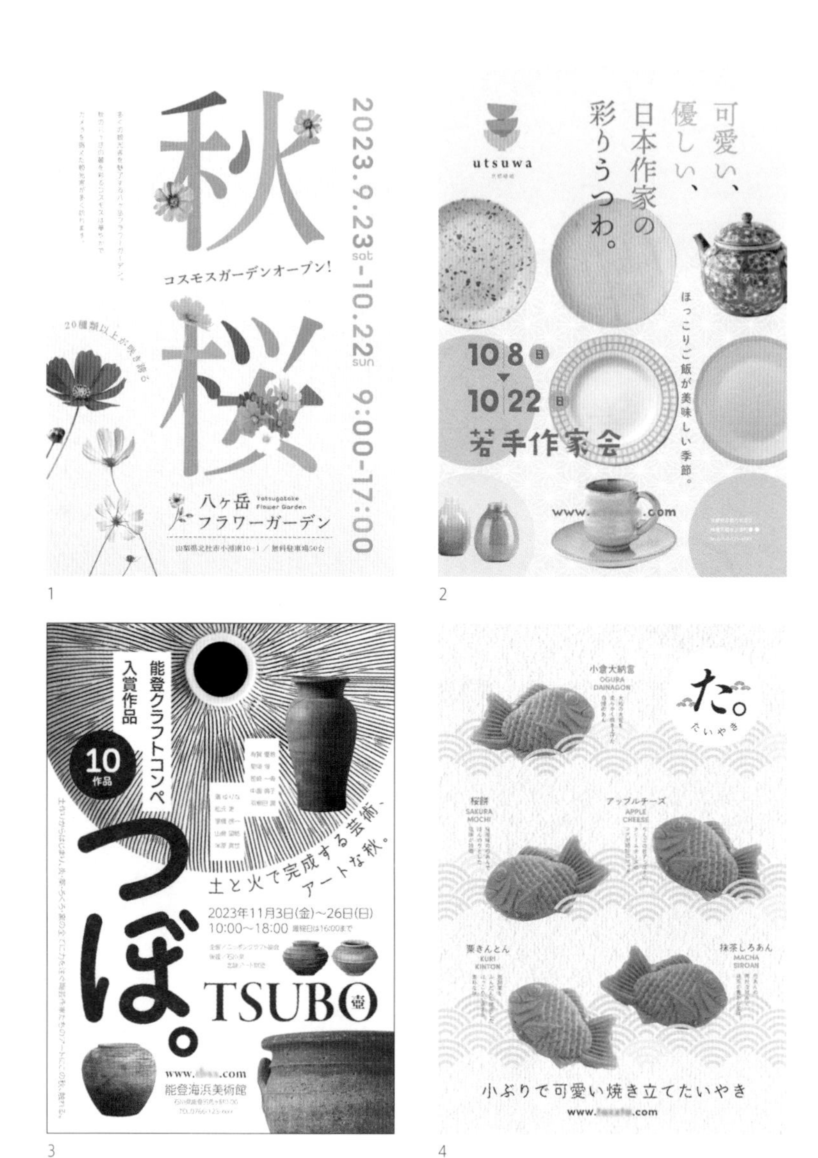

1.为主标题锦上添花。2.整齐有序的版面。3.利用元素的大小差异，增强视觉感染力。
4.调整挖版素材的方向和角度，让版面充满趣味性。

版面被挖版产品图和文字等填满，极具现代设计感。

【 设计要点 】

与角版图相比，挖版图的应用范围更广。

只要做好挖版元素间的搭配，就能实现符合现代审美的日式风格设计。

17 当地活动海报

图标具有直观的表现力，可通过排列多个图标来展现丰富多彩的活动内容。

和风形状图标

传统和风形状的风格朴素，若将其设计成图标，则能展现出俏皮可爱的特质。

1. 用自由形状勾勒出边框，营造出轻松愉快的氛围。

2. 选用 2 ~ 3 种色彩统一图标配色，轻松实现协调一致的风格。

3. 将图标等间距排列，是打造可爱风格版面的关键。

版式：

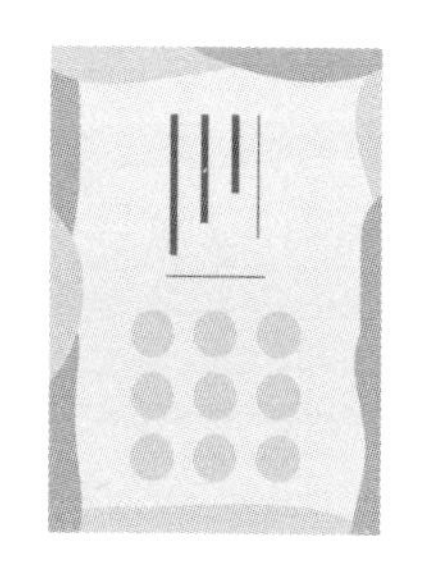

主要配色：

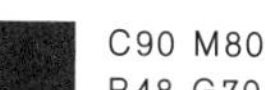
C90 M80 Y50 K0

R48 G70 B102

C16 M68 Y56 K0
R212 G110 B95

C8 M30 Y89 K0
R236 G187 B34

字体：

あおぞら市

貂明朝 / Regular

奈良·稲根町

DNP 秀英角ゴシック銀 Std / M

1

2

3

1.运用图标表现饮料的不同口味，一目了然。 2.面对色彩、形状各不相同的图标时，只要将其紧密排列成圆形，就能使风格变得协调统一。 3.选用具有当地特色的图标填充背景，烘托出热闹的氛围。

2023.04.01-08.27 SPRING&SUMMER

春夏の「どこ旅」キャンペーン！ 公式アプリでご予約受付中。

将部分图标换成实物图，可带来强烈的视觉冲击力。

设计要点

批量使用图标进行创作时，
要尽量使色彩、尺寸、线条粗细保持一致，以实现视觉效果的统一，
这是充分发挥图标高辨识度优势的窍门。

18 大米包装袋

利用线条和图形来展现产自肥沃土壤的大米的品牌形象，对称式构图带来优雅的视觉感受。

线条与对称

日式对称构图易让人联想到日本古代建筑，神圣而庄严。然而，这幅作品却利用纤细的线条，设计出了具有轻松风格的对称式构图。

1. 单色构图可以有效避免元素过多所带来的版面杂乱问题。

2. 选用与稻米相关的多种意象，将其制作成创意边框。

3. 设计对称式构图时，要充分考虑疏密、横竖关系，以实现均衡布局。

版式：

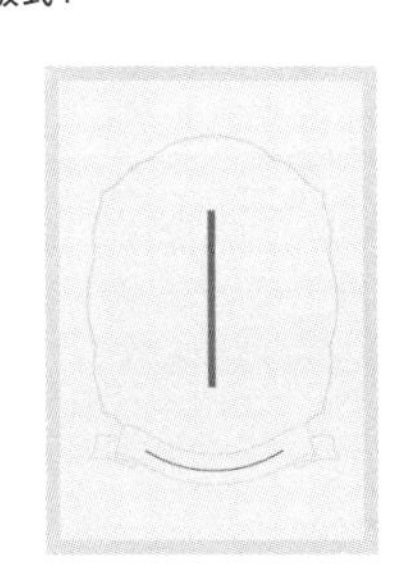

主要配色：

C40 M50 Y70 K0
R169 G134 B87

字体：

やまと米

筑紫Aヴィンテージ明S Pro R

YAMATO

Copperplate / Regular

失败案例

细节未处理到位

1

2

3

4

1.线条太粗，压迫感强。 2.线条粗细不均。
3.版面元素过少，显得空旷。 4.轻微的错位产生不协调感。

成功案例

画风轻快，和谐统一

1

2

典型案例

设计要点

线条和装饰太多？只要控制好色彩数量，保持线宽一致，就能实现整洁、统一的版面风格。

1.只需两种色彩，就足以渲染出闹市的氛围。 2.色块与花纹叠加，增强版面的趣味性。

19 岁末酬宾会宣传单

招财猫在日本是象征好运的吉祥物，自古以来就为日本人所喜爱。

好兆头吉祥物

日本有许多象征幸福的吉祥物。在设计节庆或祝福主题的作品时，正是吉祥物发挥作用的好机会。通过巧妙运用这些吉祥物，可以营造出浓厚的喜庆氛围。

1. 借助圆角字体衬托出吉祥物形象的可爱。

2. 将巨大的吉祥物形象置于版面中央，十分吸引眼球，充分展现出吉祥气氛。

3. 在深色和风花纹背景上点缀装饰元素，营造出热闹氛围。

版式：

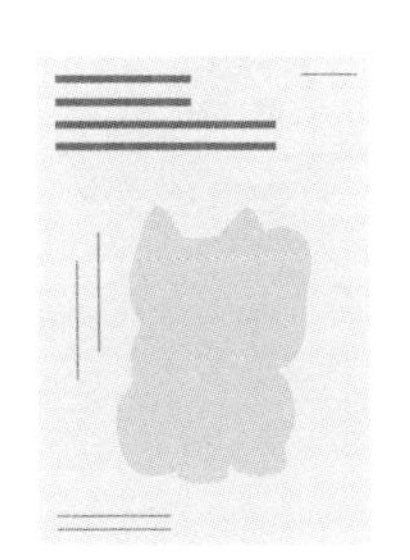

主要配色：

C100 M75 Y0 K0
R0 G71 B157

C7 M95 Y88 K0
R221 G39 B38

C7 M6 Y86 K0
R244 G228 B42

C0 M0 Y0 K0
R255 G255 B255

字体：

感謝を込めた

TA-kokoro_no2 / Regular

WINTER

Atten Round New / ExtraBold

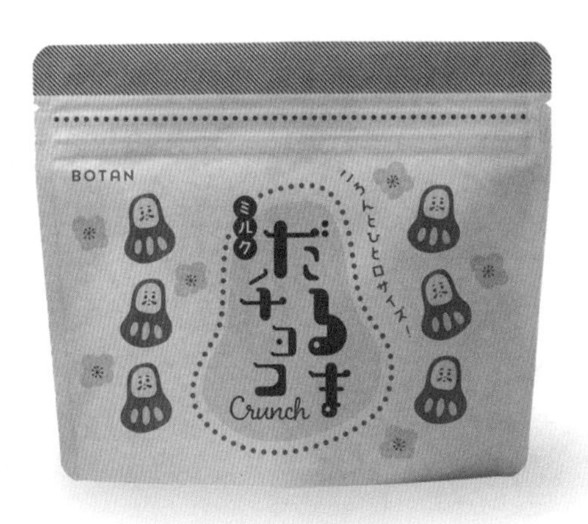

1

2

3

1.纵向排列小型达摩不倒翁[1]，为版面带来视觉上的韵律感。 2.把各式各样的吉祥物堆叠在一起，充分烘托吉祥喜庆的氛围。 3.可爱的犬张子[2]寄寓着人们对好孕安产、守护孩子的美好愿望。

[1] 一种日式摆件，其外形来源于僧侣达摩的坐像。——译者注

[2] 一种纸糊的犬形日本玩具。——译者注

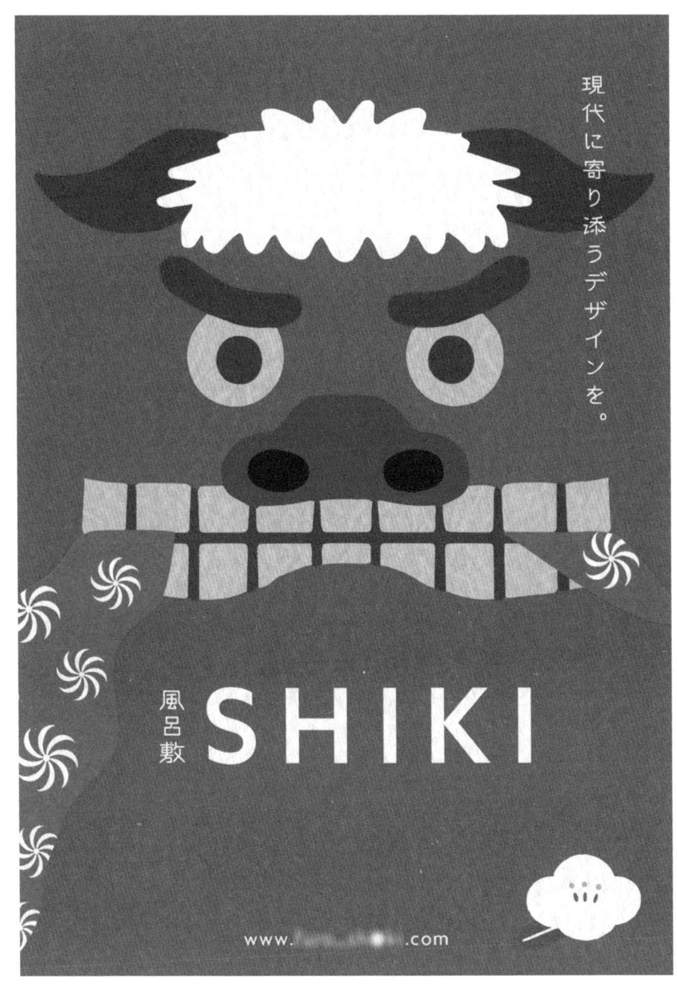

日本也有舞狮文化，人们相信狮子能吞噬邪气，被狮子吉祥物咬一下脑袋就会获得好运。

【 设计要点 】

吉祥物形象招人喜欢，吸引眼球。
根据寓意和愿望来选择合适的吉祥物形象，
可以创作出感染力强、能带来好运的设计作品。

专栏

03

日本的吉祥物

日本人自古以来就有重视好兆头的习惯。

除了节日和庆典，日本人在日常生活中也喜欢将吉祥物作为装饰或将其佩戴在身上，通过这种方式享受生活，并希望好事时有发生。

在日式风格设计中，吉祥物是不可忽视的元素。了解各种吉祥物的寓意，可以利用它们设计出充满感染力和具有喜庆氛围的作品。

01 / 鹤与龟

日本有一句俗语："千年仙鹤万年龟。"鹤和龟都是长寿动物，因而被视为象征长寿的吉祥物。此外，鹤还象征着忠贞爱情，龟则是吉兆的标志。

02 / 松、竹、梅

这三种植物的寓意各不相同。松冬不落叶，因而有"长寿""健康"之寓意；竹寒冬发芽，寓意"子孙兴旺"；梅迎寒开花，寓意"繁荣""高贵"。

03 / 鲷鱼

在日语中，"鲷鱼"与"可喜可贺"发音相似，一语双关，自古以来就被日本人视为吉兆。它还被用于婴儿的百日断奶仪式，寓意终身丰衣足食。鲷鱼是日本具有代表性的食物类吉祥物。

04 / 招财猫

招财猫是一种寓意生意兴隆的吉祥物。举右手的是公猫，象征招财；举左手的是母猫，寓意招客。此外，招财猫还有红、白、金等不同颜色，具有不同的寓意。

05 / 折扇

折扇打开之后，从底部到顶部逐渐变宽，因此，折扇便有了"繁荣"的美好寓意，是一种被广泛用于成人礼、七五三节[1]、元旦等各种日本庆祝活动的吉祥物。

06 / 达摩不倒翁

达摩不倒翁是从菩提达摩的坐像衍生而来的吉祥物。据说它能保佑人们家财安全、无病无灾。颜色不同寓意也不同，红色达摩不倒翁有驱邪的寓意。

[1] 七五三节是日本于11月15日为三岁、五岁的男孩，以及三岁、七岁的女孩祝岁的习俗。——译者注

第 4 章

朗

20 —— 25

雍容华贵、贤淑文静、妩媚迷人，令人心动的、可爱的现代日式风格设计。

20 日本女儿节活动海报

利用低饱和度的粉色，打造可爱的现代日式风格设计。

洋溢着春天气息的粉色

粉色给人一种华丽、幸福的视觉感受。利用粉色设计出轻快风格的作品，让人领略到盎然春意吧。

1. 在设计中融入大量桃花元素与和风花纹，使作品洋溢着春天的气息。

2. 淡暖色系的粉色非常适合用来表现春天的气息。

3. 粉色与黄色和绿色的搭配，呼应了日本春天的色彩。

版式：

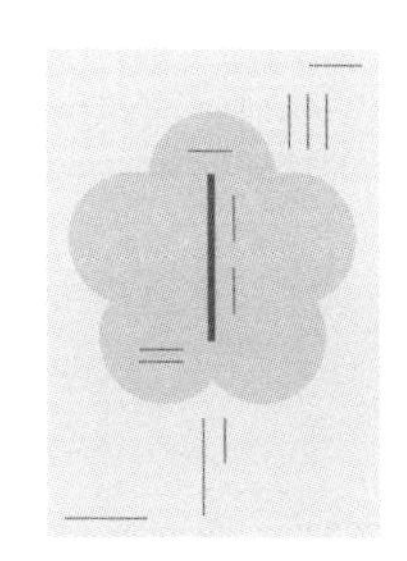

主要配色：

C5 M30 Y15 K0
R239 G195 B197

C15 M71 Y20 K0
R213 G104 B142

C25 M2 Y44 K7
R195 G214 B158

字体：

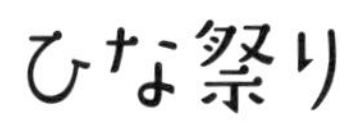

AB-mayuminwalk / Regular

FESTA

Co Headline / Regular

失败案例

不适合用来表现春天的粉色

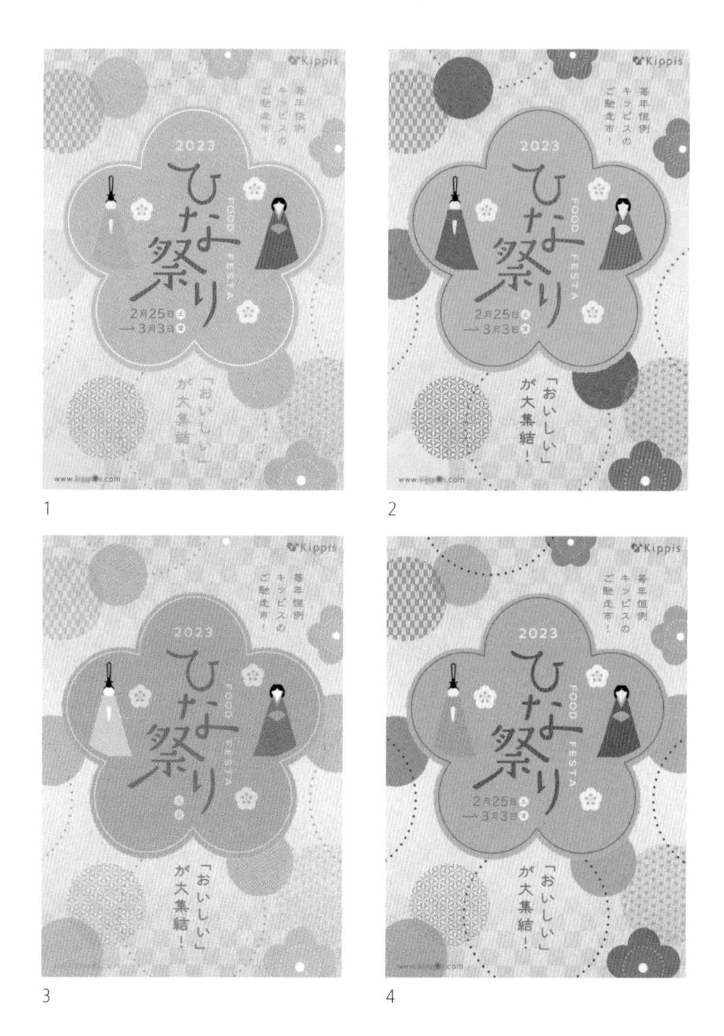

1. 粉色占比太小。 2. 绿色的饱和度太高，不适合用来表现春天的气息。

3. 粉色饱和度偏低，色调偏暗。 4. 偏紫的粉色不适合用来表现春天的气息。

成功案例

淡暖色系的粉色更显春意

1

2

典型案例

设计要点

『粉+花』是表现春天气息的经典组合，此外还可以利用半透明叠加和渐变色、与其他色彩组合等手法来表现春天的多彩与生机。

1. 巧用半透明叠加和渐变色等手法，表现出春风拂面的感觉。

2. 樱花也是春天不可或缺的元素。

21 和服毕业裙裤出租店广告

在女孩身后的背景上配置多彩花纹，打造复古少女风格。

花团中的少女

让少女被花朵簇拥。通过这种技巧彰显女性的可爱感，打造类似漫画的场景效果。

1. 采用和服图案般的花纹来装饰女孩身后的背景。

2. 将图片裁切成古典风格形状，以搭配复古风格。

3. 使花朵稍微遮住人物，或轻微超出边框，版面顿生立体感。

版式：

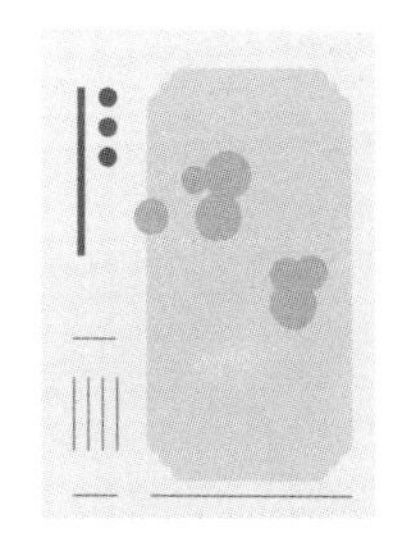

主要配色：

C4 M62 Y25 K4
R227 G124 B142

C0 M7 Y31 K0
R255 G240 B191

C48 M4 Y18 K0
R139 G202 B211

C50 M45 Y0 K67
R65 G61 B93

字体：

卒業袴

A-OTF 解ミン 宙 Std / B

HAKAMA

Josefin Slab / Regular

失败案例

不够惊艳

1

2

3

4

1.花朵种类和数量不够丰富，导致版面显得空旷。 2.人物被花朵遮挡得过多，喧宾夺主。
3.花朵图案的画风不一致。 4.扶桑花与日式风格的搭配不够协调。

成功案例

花朵烘托出可爱氛围

1

2

典型案例

【设计要点】

想要体现自然的可爱感，就选择与作品主题相符的花纹素材，这是设计成功的关键。

1.用花朵边框包围人物照片。 2.选用白色或浅色的半透明花朵，匹配人物风格，形成统一感。

22 和风饰品展览会海报

大胆使用大尺寸产品图，打造鲜艳华丽的版面。

拨动少女心的和风饰品

日式杂货和点心十分惹人喜爱。只要将其设置为版面视觉主体，就能让作品散发出可爱的和风魅力。

1. 以色彩斑斓的细工花簪[1]产品图为视觉主体。

入場無料

和 小物フェア

2023 4.15 Sat 16 Sun

●15日 10:00~17:00 ●16日 9:30~16:30

会場 ··· SANA KYOTO HALL

2. 文字的色彩选择与视觉主体色调一致的红色。

3. 精选和服花纹作为装饰，与视觉主体的风格相契合。

版式：

主要配色：

C0 M92 Y87 K0
R231 G49 B37

C2 M14 Y93 K0
R252 G218 B0

C0 M0 Y4 K2
R253 G252 B246

字体：

和小物

砧 丸明Fuji StdN / R

4.15

貂明朝 / Italic

[1] 一种日本传统工艺，将布料裁剪成小片，通过折叠、捏合等手法，制作出花、鸟等饰品。——译者注

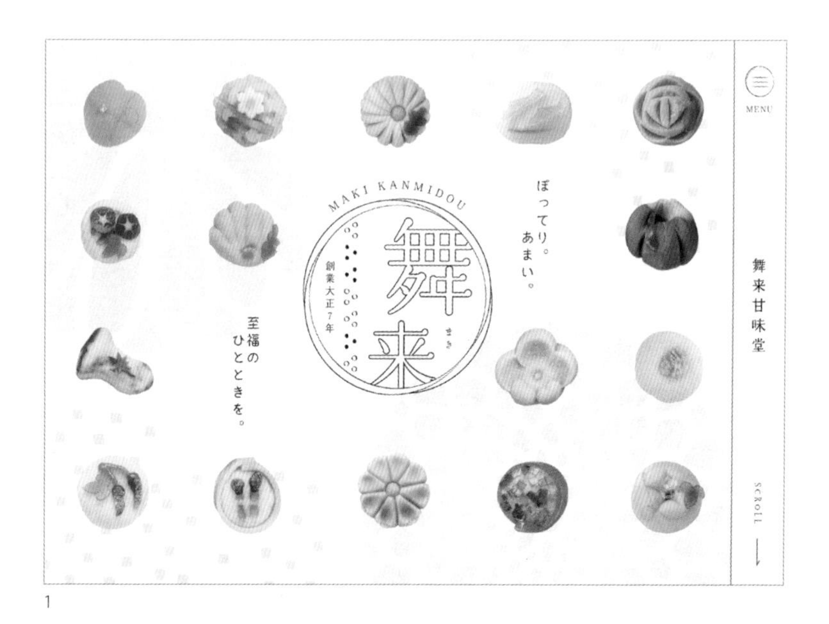

1

2

1. 只需等间距排列日式点心的挖版图，画风就会很可爱。
2. 将挖版素材分散排版，营造出热闹气氛。

别忽视背景和配饰，经过精心造型后，视觉效果更佳，使饰品魅力大增。

【设计要点】

巧妙融入与视觉主体风格相符的装饰元素，进一步增强作品的可爱感。推荐使用形状、色彩与视觉主体相似的装饰元素。

23 民宿广告

只需将照片裁切成折扇形，就能让作品的日式风格极为强烈。

和风形状裁切法

不直接使用角版照片作为视觉主体，而是将其裁切成和风形状，可以提升视觉效果。

1. 从照片中取色，并将其应用在配饰元素上，增强版面的统一感。

2. 浅色渐变营造出轻快的氛围。

3. 将照片裁切成折扇形。

版式：

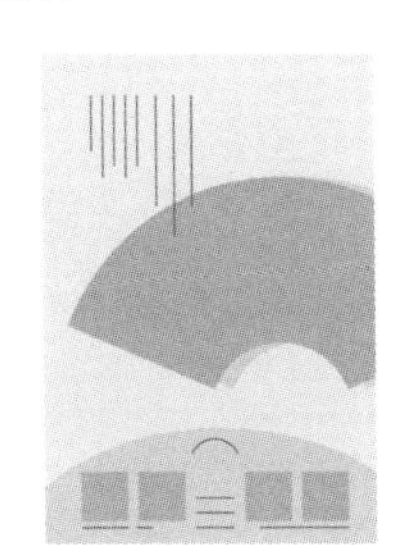

主要配色：

C3 M30 Y22 K0
R243 G196 B186

C48 M15 Y81 K0
R150 G180 B80

C67 M76 Y77 K43
R76 G52 B45

字体：

華明

貂明朝テキスト / Regular

古民家の

砧 丸丸ゴシックCLr StdN / R

1

2

3

1. 将一部分葫芦形重复图案变成实物图。将主标题也统一设计在葫芦形状内。

2. 把文字排版成茶杯的形状。 3. 选用和风边框来装饰挖版照片。

把多张照片的拼接图裁切成樱花形状。这些照片的色调相近，因此具有统一感。

设计要点

若想打造多元设计或表现热闹氛围，
可以尝试组合多种素材，再对其进行挖版处理。
这样的设计既增强了美感，又形成了紧凑而统一的风格。

24 冬季促销海报

即便是经典的"富士山+日出"组合，如果选用冰激凌色作为配色，作品风格也会很可爱。

可爱的富士山

富士山是日本的象征，按照可爱风格对其外形及颜色进行改造后，可提升其亲和力。

1. 采用条纹背景，营造出轻松活泼的氛围。

3. 选用梅花元素和多彩水珠作为装饰，使富士山更加突出。

2. 搭配圆角文字，使整体风格和谐可爱。

版式：

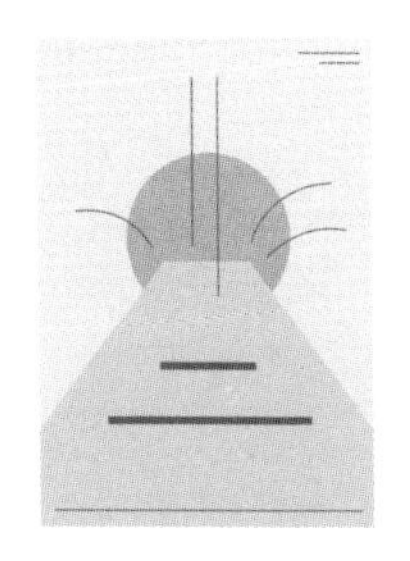

主要配色：

C27 M0 Y0 K0
R194 G230 B250

C0 M40 Y11 K0
R244 G178 B192

C2 M2 Y31 K0
R253 G247 B195

字体：

SALE!
Pomeranian / Regular

スペシャルな
AB-babywalk / Regular

1

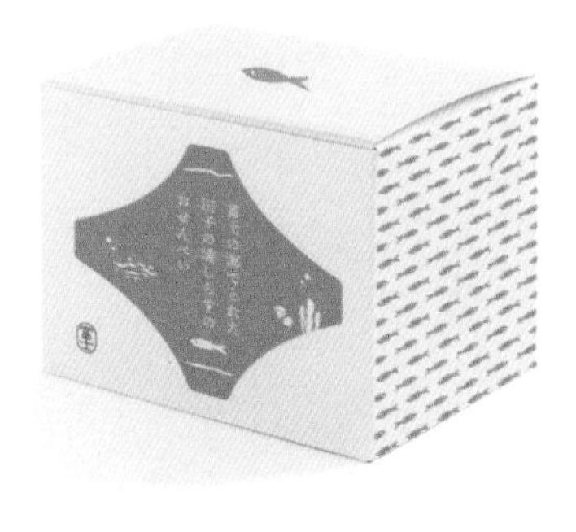

2

3

4

1. 重复的富士山形状的线条与色块，构成背景图案。 2. 颠倒对称的富士山形状，是此包装设计的亮点。
3. 富士山是日本的独有元素，被应用到此 Logo 的设计之中。 4. 把刨冰设计成富士山的形状。

给富士山系上编织绳，使其以特产风格呈现。富士山的颜色与版面中其他元素的颜色不同，令人眼前一亮。

【设计要点】

富士山适合淡蓝色系，
搭配淡粉色、低饱和度的红色、黄色等颜色，
色调和谐统一，版面风格可爱。

25 日式咖啡厅开业海报

在版面四角稍加点缀，打造低调却有品位的风格。

零散的美

不需要华丽装饰，通过简单的点缀制造出留白与间隔，使版面散发出含蓄的可爱感。

1. 将与日式点心风格相符的圆润可爱形状分散排布在版面上。

2. 圆角字体与可爱装饰非常搭。

3. 均选用浅色元素作为装饰，诠释出低调的高雅感。

版式：

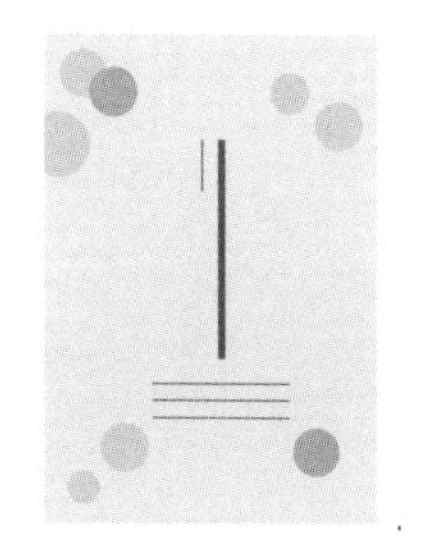

主要配色：

C18 M57 Y17 K0
R208 G133 B161

C2 M15 Y25 K0
R249 G226 B196

C4 M0 Y9 K0
R249 G251 B239

字体：

AB-mayuminwalk / Regular

2023.5.1

BC Alphapipe / Regular

失败案例

装饰华而不雅

1

2

3

4

1.装饰元素过多，显得杂乱无章。 2.装饰元素之间的色调不协调。
3.装饰元素太大，存在感过强。 4.装饰元素种类太多。

成功案例

含蓄且高雅

1

2

典型案例

【设计要点】

利用充足的留白空间，巧妙彰显装饰元素的飘然感与存在感。

1. 在方形边框上加上纹样作为装饰，减轻生硬感。
2. 在版面上点缀几片树叶，并描绘出树叶飘落的情景。

专栏

04

书法文化

书法作为日本传统艺术，起源于中国。在设计中引入毛笔字，可以展现出强烈的日式风格特色。

毛笔字的魅力在于其行云流水的运笔中蕴含着刚柔并济之美。利用电脑上的毛笔字体便可轻松实现这种书法效果，且创作门槛低，推荐大家使用。若想在设计中融入更多趣味和创意，还可以使用毛笔字代写服务，或是利用提供毛笔字素材的网站来辅助创作。灵活运用这些方法，可以挑战个性十足的日式风格设计。

◆ 毛笔字的表现效果

01 ／ 高端大气

同为印刷字体，只要将黑体换成毛笔字体，就能创作出高端大气的日式风格。

（字体：平成角ゴシックStdN/W5）

▶

（字体：KSO心龍爽）

02 ／ 气场与考究

在这个设计中，宋体虽已具备十足的表现力，但如果将其换成与品牌风格更贴切的毛笔字体，设计的深度和气场将更上一层楼。

（字体：AB味明-秀V/EB）

▶

本格芋焼酎

神風

かみかぜ

（使用AdobeStock素材）

第 5 章

雅

26 —— 31

如东京人一般
充满自信，
知性、潇洒、精妙
并存的设计。

26 百货店庆贺新年促销海报

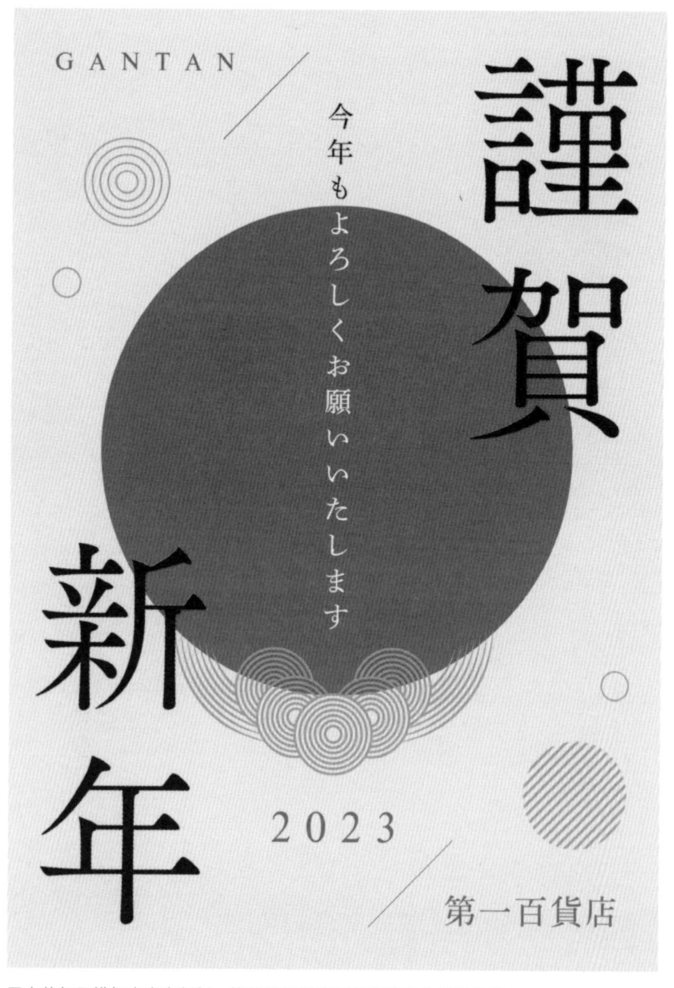

巨大的红日烘托出喜庆气氛。简单的排版构图带来强烈的视觉体验。

红日构图法

以红日为视觉主体，直观地展现日式风格，带来强烈的视觉体验。

1. 在版面中央放置一轮巨型红日。

2. 将主标题置于版面对角处，强调红日。

3. 日式礼品绳风格的装饰，突出了节日氛围。

版式：

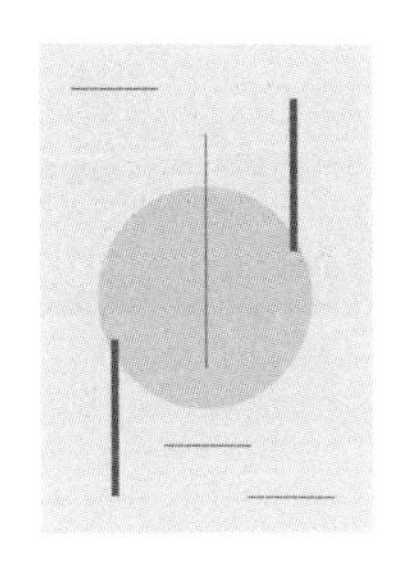

主要配色：

C0 M90 Y70 K0
R232 G56 B61

C35 M35 Y65 K0
R181 G162 B102

C5 M10 Y30 K0
R245 G231 B190

字体：

謹賀新年

FOT-筑紫Aオールド明朝 Pr6N / R

第一百貨店

DNP秀英明朝 Pr6 / M

1

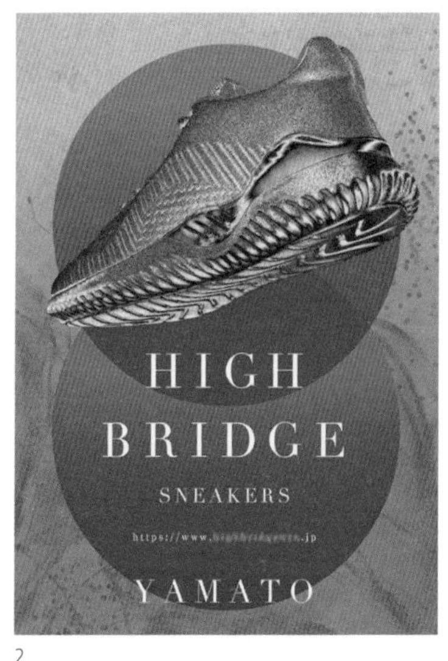

2

3

1. 用红日代替部分文字。 2. 两轮红日部分重叠在一起。
3. 将文字叠加在红日上，打造具有浓郁日式风格的主标题。

“照片+红日”的表现手法，凸显照片魅力，加深视觉印象。

【 设计要点 】

红日的形状虽然简单，却能给人留下强烈的视觉印象。
推荐采用对比强烈的配色或构图，以凸显红日的存在感。

27 酒类产品海报

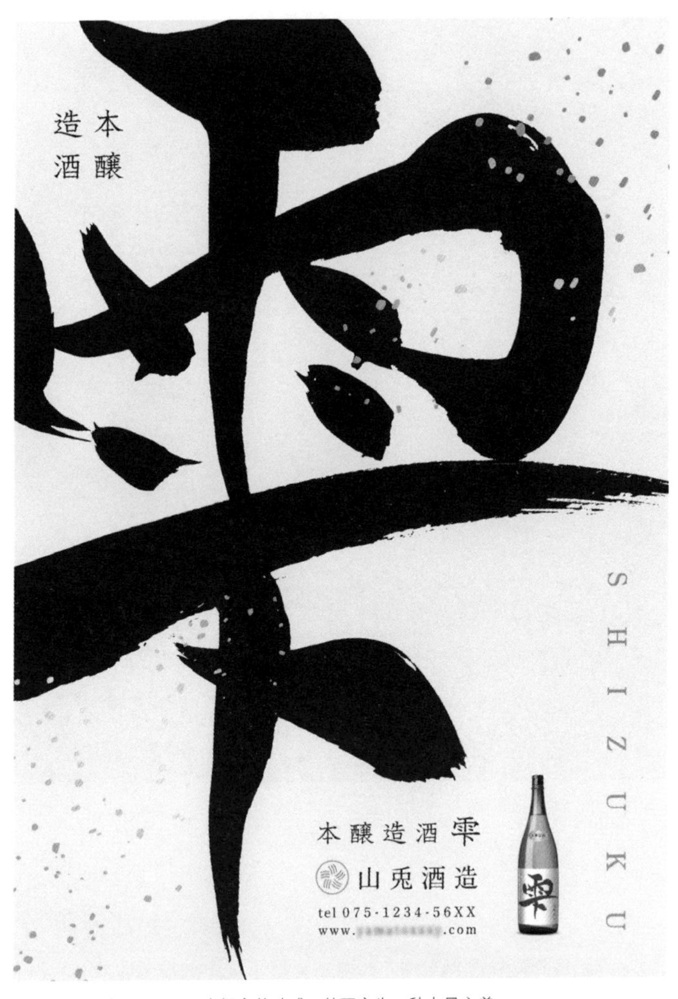

让毛笔字占满版面，呈现出挥毫的动感，从而产生一种力量之美。

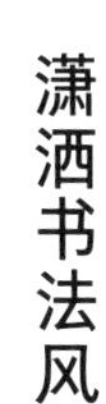

毛笔字力道遒劲，要充分发挥其个性与存在感，打造富有动感的魅力版面。

1. 让毛笔字超出版面范围，赋予版面动感。

3. 留白的好处是引出残缺笔迹的韵味。

2. 金箔不仅有助于打造高级感，还能为版面增添动感。

版式：

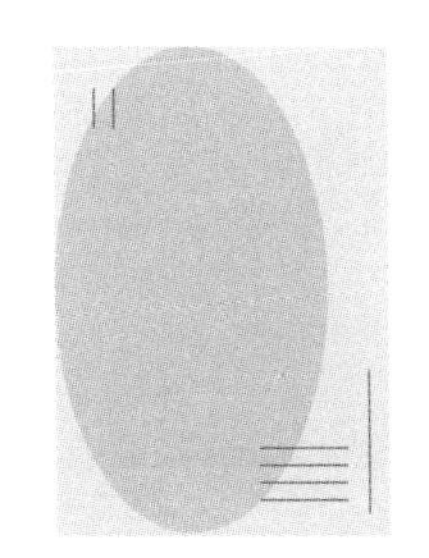

主要配色：

C0 M0 Y0 K100
R0 G0 B0

C35 M35 Y65 K0
R181 G162 B102

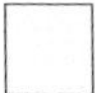
C3 M0 Y0 K7
R239 G242 B244

字体：

本醸造酒

FOT-ユトリロ Pro / M

山兎酒造

A-OTF A1明朝 Std / Bold

失败案例

未发挥毛笔字的优势

1

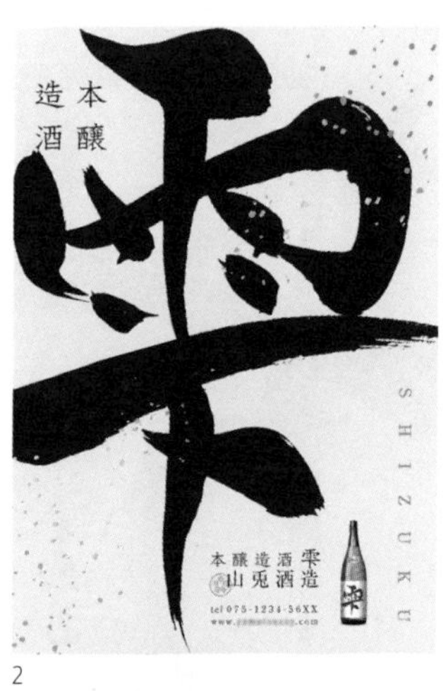

2

3

4

1. 版面风格不够大气。 2. 毛笔字紧挨着版面和文案的边缘，过于紧凑。
3. 毛笔字体与设计风格不搭。 4. 字体特效多余。

成功案例

彰显毛笔字的存在感

1

2

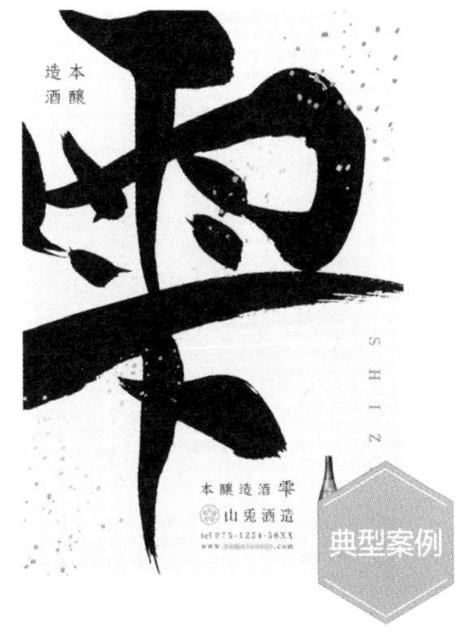

典型案例

【设计要点】

毛笔字具有极强的可塑性，仅凭这一点就足以使其成为设计中的主角。在设计中，可以大胆对毛笔字进行放大处理，以充分发挥其设计优势。

1. 将毛笔字叠加在人物（人偶）上。 2. 在背景中加入毛笔字。

28 竹皮屐[1] 产品海报

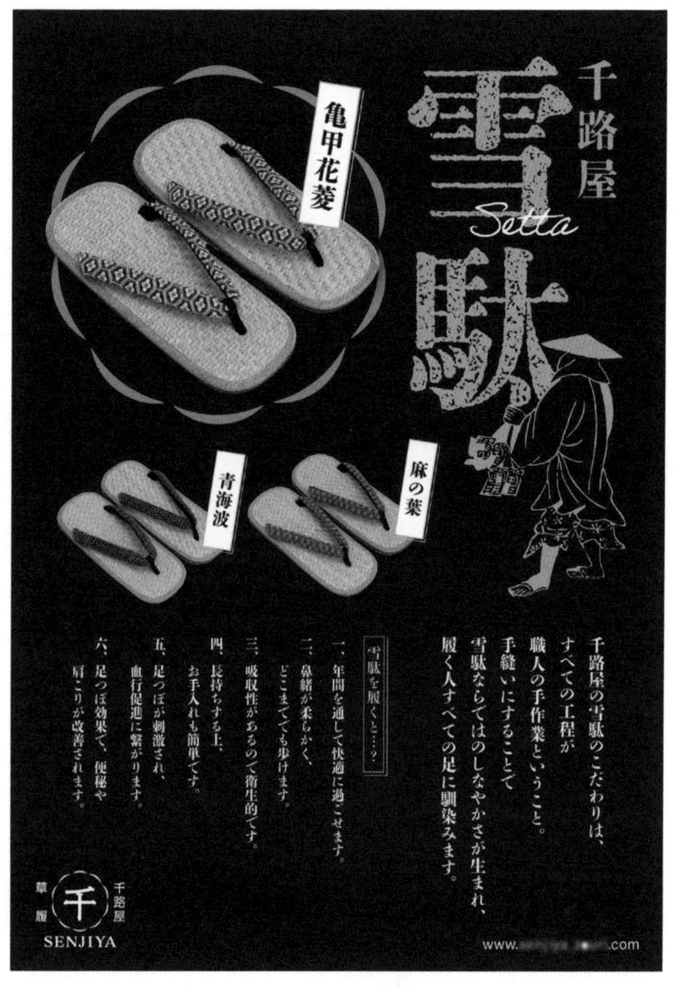

背景选用藏青色作为底色，带来深邃、潇洒的视觉感受。

[1] 一种日本传统鞋子，由草履鞋改造而成，主要在雨天或雪天穿。——译者注

高端大气的藏青色

藏青色给人一种传统、知性的印象，自古以来一直为日本人所青睐。借助藏青色来挑战洒脱、豪放的设计风格吧。

1. 以手写字体为特色，打造个性风格。

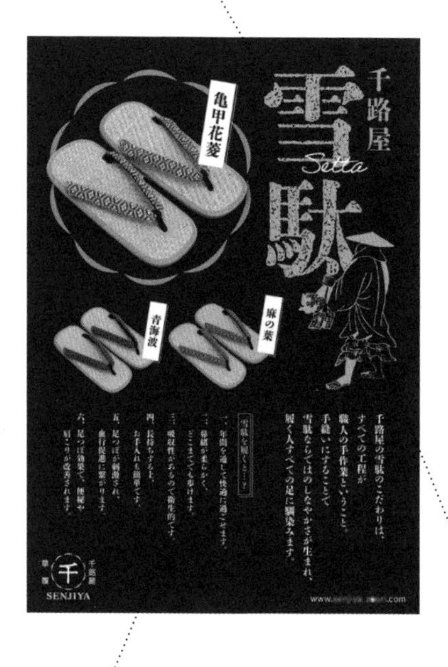

2. 选用浅色搭配文字，在保持可读性的同时，实现张弛有度的版面效果。

3. 浮世绘[1]插图是点睛之笔。

版式：

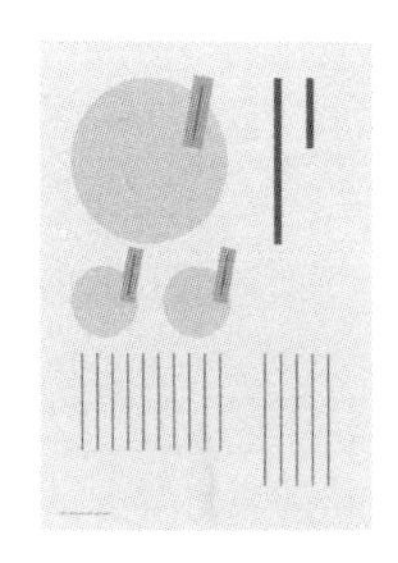

主要配色：

C96 M92 Y54 K29
R25 G40 B73

C22 M31 Y60 K0
R207 G177 B113

字体：

雪駄

DNP 秀英初号明朝 Std / Hv

SENJIYA

AdornS Serif / Regular

[1] 浮世绘是17—19世纪兴盛于日本的一种艺术表现手法，版画是其主要表现形式。——译者注

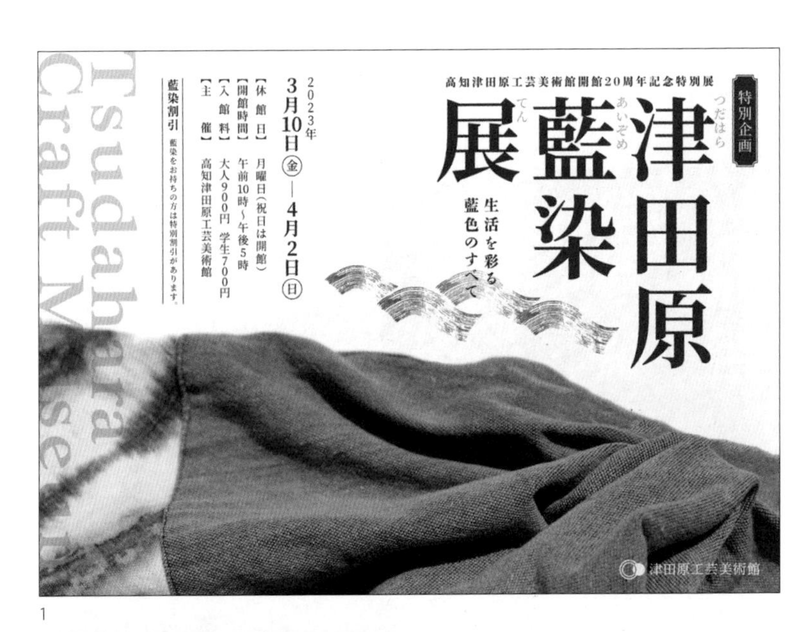

1

2

3

1.藏青色与照片的组合设计。 2.将黄色作为强调色。 3.在白底色上铺设藏青色图形。

利用藏青色的粗线与图形，组成富有张力的现代风格构图。

【 设计要点 】

选择藏青色作为主色时，可选用黄色或红色作为强调色，并巧妙利用白色，更容易使设计风格在沉稳和随性之间达到平衡。

29 快闪店宣传单

版面由线条与图形色块组合而成，简单却不乏精致的高级感。

和风几何图案

按规则排列的图形，与日本的传统工艺图案有着相似之处。接下来，请欣赏融合了和风几何图案的现代设计。

1. 使用简单的线条和图形，构成现代风格设计。

2. 点缀少许和风线条及花纹，赋予设计现代和风感。

3. 将文案置于六边形色块之中，就不会破坏整体风格。

版式：

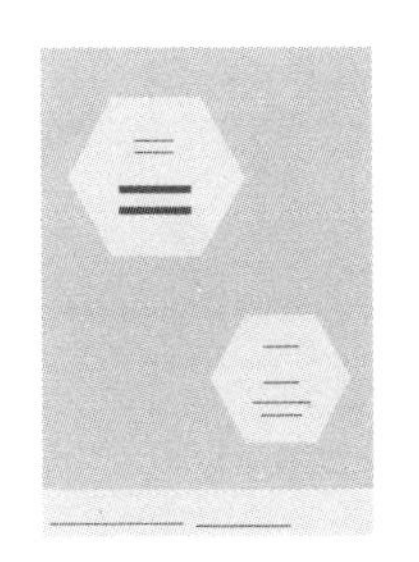

主要配色：

C42 M17 Y0 K77
R55 G70 B87

C44 M34 Y0 K22
R132 G138 B178

C10 M18 Y100 K12
R218 G189 B0

字体：

POP UP

Acumin Pro Wide / Regular

DIFIG

Europa-Bold / Bold

1

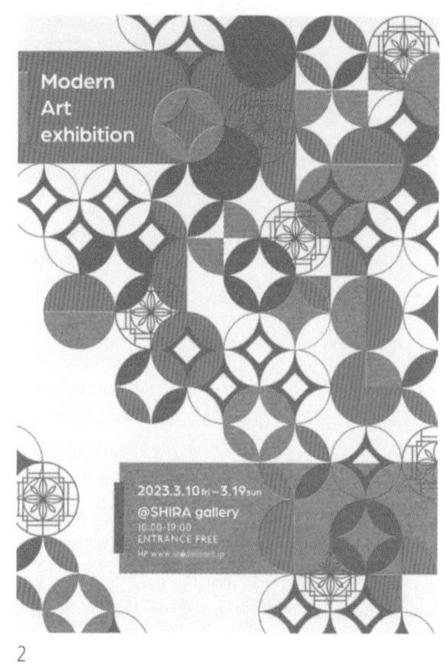

2

3

1.像铺砖一样铺设几何图案。 2.对加工后的七宝纹[1]进行全局排版。 3.利用几何图案设计文字。

[1]七宝纹是一种日本传统纹样，是将同等大小的圆取圆周的四分之一并使其彼此重叠所呈现出来的图案。详细介绍可参阅144页。——译者注

利用大量留白，彰显几何花纹的美感。关键是要掌控好几何花纹与留白的比例。

【 设计要点 】

具有规律性的几何图案，就像精心制作的寄木细工[1]图案一样，
展现出细致、严谨的日本工匠文化。
设计时需要仔细对齐、精准拼合，以确保视觉效果更完美。

[1] 日本的一门传统工艺，是将不同颜色的木料拼合成精致的几何图案，最终制成各种木制工艺品。——译者注

30 和服店成人仪式营销海报

对处于同一轴线上的视觉主体进行“上下对称+色彩区分”处理，形成对比效果。

翻转成对

在设计中，通过翻转或相对的排版技巧，可以使对称的元素相互呼应，这种技巧的应用不仅能为版面带来紧张感，还能给人留下深刻印象。

1. 配合照片，对背景色进行色彩区分，加强对称感。

2. 将装饰元素极少化，有效突出视觉主体。

3. 上下翻转的设计，使版面产生紧张感。

版式：

主要配色：

C2 M24 Y27 K0
R247 G208 B183

C4 M4 Y37 K0
R249 G241 B180

C0 M0 Y0 K100
R0 G0 B0

字体：

KSO心龍爽 / Regular

KIMONO

AB味明-秀V / EB

失败案例

对称效果不佳

1

2

3

4

1.上下人物存在大小差异，同类对比效果弱。 2.单纯的上下排列显得单调。
3.上下背景色调不协调，上方的视觉效果太强。 4.上下背景色调相近，无法有效区分。

成功案例

对称产生效果

1

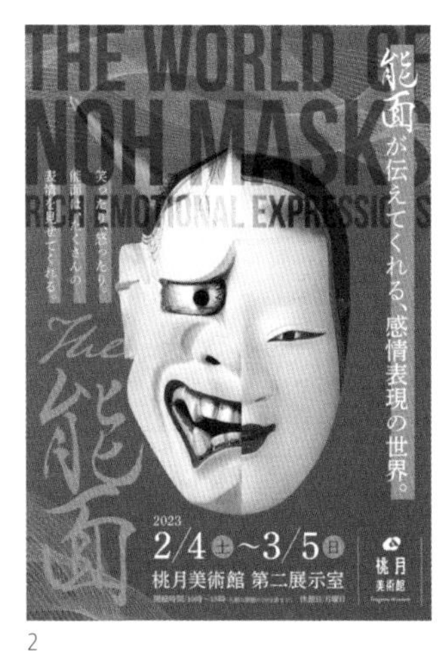

2

典型案例

【设计要点】

当存在两个视觉主体时，不要局限于惯性思维，可以尝试对称排版。这样可能收获创意新奇、引人注目的设计作品。

1. 通过左右对称，视觉主体相对而视，形成稳定的对称版面。
2. 看似沿中轴翻转对称的设计，表现出人物的两面性。

31 演唱会海报

多重叠加简单图形，结合成一个图形，形成具有强烈震撼力的现代风格构图。

线条与图形的艺术结合

大胆组合简单线条与图形，能够创作出富有动感、视觉感染力强的版面设计效果，让人仿佛能从中窥见琳派画作的影子。

1. 大小不一的图形多重叠加组合，赋予设计动感。

2. 为文案添加底色背景，使文字更易读。

3. 将日文和英文视为背景元素，并进行分散布局，加深读者对演唱会主题的印象。

版式：

主要配色：

C28 M78 Y60 K0
R189 G85 B85

C22 M8 Y42 K0
R210 G218 B165

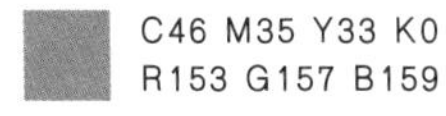

C46 M35 Y33 K0
R153 G157 B159

C13 M11 Y13 K0
R227 G225 B220

字体：

Acoustic

Abril Fatface / Regular

スローダンス

DNP 秀英初号明朝 Std / Hv

1

2

3

1.通过图形的形式再现风景。 2.将图形与实物图相结合。 3.用图形创作标志性的和风图案。

只用圆形进行构图。通过减少色彩、组合文字等手法，可以用简单的形状呈现复杂意象。

【 设计要点 】

简单的形状，如圆形、方形和三角形，非常适合与汉字进行搭配。
为了创作出新颖的构图，在设计时，要注意调控好尺寸大小和疏密程度。

专栏

05

日本的传统纹样

即使在今天，日本传统纹样依旧在日式设计中发挥着重要作用，并不局限于用作和服图案。它在平面设计、室内设计和建筑设计等方面都得到了广泛应用。

纹样的历史可以追溯到平安时代[1]。江户时代[2]诞生了许多纹样，一直流传至今，为日本人所喜爱。古代日本人将日本独特的自然和文化融入几何图案与花纹之中，每一个精美的和风纹样都拥有其特殊的含义和寓意。下面为大家介绍一些具有代表性且非常适用于设计领域的日本纹样。

01 / 麻叶纹样

麻类植物具有迅速成长、笔直生长的特征，因此麻叶纹样蕴含着希望孩子健康成长的美好愿望。此外，它还具有辟邪的作用，因此被广泛用于襁褓设计。

02 / 青海波纹样

日本人将无限绵延的平静海浪视为一种恩惠，因此将对幸福、平安的向往寄托在了青海波纹样上。这种取自吉祥事物的图案又被称为吉祥纹样。

03 / 市松花纹

这个名字来源于江户时代中期的歌舞伎演员佐野川市松，他当时爱穿这种花纹的裤子，因此人们用他的名字为这种花纹命名。市松花纹无限连续，寓意繁荣。

04 / 鲛小纹

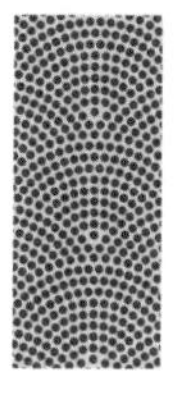

从前，日本人认为鲨鱼皮是世上最厚、最硬的皮，因此将其制作成小纹样，视为护身符，寓意消灾和驱邪。这种纹样被用在各种布上，以祛除所包裹之物的邪气。

05 / 鹿子纹样

鹿被称为“神的使者”，因其具有顽强的生命力和繁殖力，所以也被视为“子孙繁荣”的象征。这种纹样因与小鹿的斑点相似而得名，主要用于和服设计。

06 / 七宝纹

这种纹样中的圆是无限延续的，因此包含了圆满、和谐和缘分的含义。

[1] 平安时代（794—1192年）是日本古代的一个历史时期。——译者注

[2] 江户时代（1603—1868年）又称德川时代，是日本封建统治的最后一个时代。——译者注

第 6 章

美

32 —— 36

利用文字与装饰的创意设计，为明艳动人的和风元素锦上添花。

32 花店活动海报

大胆配置时令花卉，使设计呈现出强烈的美感与生命力。

凛然之和花

搭配含蓄、华美的和风花朵，描绘出具有季节感的精美作品。

1. 运用年宵花卉的组合来表现季节感。

2. 巧用旧纸和线条，打造日式复古植物图鉴风格。

3. 放大视觉主体，使其溢出版面，凸显华丽感。

版式：

主要配色：

C16 M94 Y94 K14
R189 G39 B29

C81 M20 Y90 K83
R0 G44 B4

C60 M29 Y71 K10
R110 G143 B92

C14 M10 Y28 K0
R226 G224 B193

字体：

和佳音

FOT-クレー Pro / M

Winter

MrSheffield Pro / Regular

1

2

3

1. 樱花与英文字母相互交缠。 2. 将桂花向下飘落的情景巧妙设计成视觉动线。
3. 采用精致的手绘风格插画，制作拼贴风格版面。

在山茶花插图上铺设白色半透明图块来放置文案，以保证文案的可读性。

【设计要点】

若以春天为主题进行设计，就选春花作为设计元素。
若以秋花为主角进行设计，就会营造出秋天氛围。
若要采用特定花种作为设计元素，就要考虑其开花时期。

33 公园相亲交友活动广告

用一根“绳”串联文字，使读者通过标题联想到“缘分”和“羁绊”。

一线串联法

像写连笔字一样，用一条线串联文字，设计出优美的创意字形，加深读者对缘分和好运的印象。

1. 通过简约的三色构图，突出装饰线条的存在感。

2. 借助如丝一般柔和的曲线来表现“缘分”这一概念。

3. 宋体可与优美曲线完美衔接。

版式：

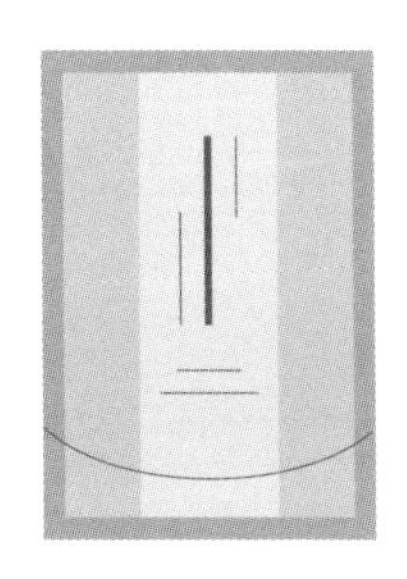

主要配色：

C30 M3 Y25 K0
R190 G221 B202

C0 M75 Y15 K0
R234 G96 B142

C25 M50 Y70 K0
R199 G141 B84

字体：

縁結び祭り

DNP 秀英明朝 Pr6 / M

失败案例

线条的表现形式不恰当

1

2

3

4

1.线条不够流畅。 2.线条太粗，不易分辨文字。
3.线条太细，难以看清。 4.线条与文字的连接断开了。

成功案例

优美线条提升文字效果

大和公演2023
雅楽の音
12/16(土)・17(日)
会場／大和文化ホール
開場／15:00 公演／16:00

1

2

Yuiyume Shinto shrine
結夢神社
縁結び祭り
4月22日(土)・23日(日)
鎌倉時代から続く
良縁を叶えるおまつり
えんむすび

典型案例

【设计要点】

免去加工改造，只需用线条连接文字，就能收获引人注目的创意文字效果。这种创作手法，同样适用于Logo设计。

1.用具有粗细变化的曲线连接文字。 2.用直线连接文字。

34 新年促销海报

在白色矩形四周堆叠多种新年插画素材，打造如拼贴画般华丽的设计作品。

华丽装饰

活用各种和风浓郁的形状和花纹，加深日式风格氛围，打造内容丰富、风格华丽的版面。

1. 对和风花纹与插画元素进行恰当的排版搭配，实现张弛有度的版面效果。

2. 将色彩数量控制在2～3种，作为反差色的绿色才能用得恰到好处。

3. 控制细致花纹素材的颜色数量，避免版面花哨。

版式：

主要配色：

C38 M100 Y100 K0
R171 G32 B37

C37 M45 Y75 K0
R176 G144 B80

C64 M0 Y54 K75
R17 G75 B54

字体：

新春初売

AB-shoutenmaru / Regular

朝9時から

VDL V 7明朝 / U

失败案例

装饰元素运用不恰当

1.装饰元素之间缺乏大小对比，版面显得拥挤。 2.装饰元素均太小，版面较为空旷。
3.配色过于花哨。 4.装饰元素风格多样，缺乏统一感。

成功案例

排版恰当，风格统一

1　2

【设计要点】

选择符合版面风格的素材，装点版面四周或背景。排版时不能忽视整体的视觉平衡。

1.围绕主标题进行装饰，打造设计亮点。 2.在背景中填充和风花纹，加深日式风格氛围。

35 日本舞蹈表演海报

虽然版面信息量不大，但借助精心设计的标题与插画，可直观地传达出设计理念。

汉字的创意加工

对汉字的局部加以置换、分解，只需稍加修饰，便能获得充满魅力的标题。

1. 在空白处添加折扇图案，制造视觉焦点。

2. 对设计中的亮点元素——折扇——进行色彩调整。

3. 选用能让人联想到日本的元素和图形。

版式：

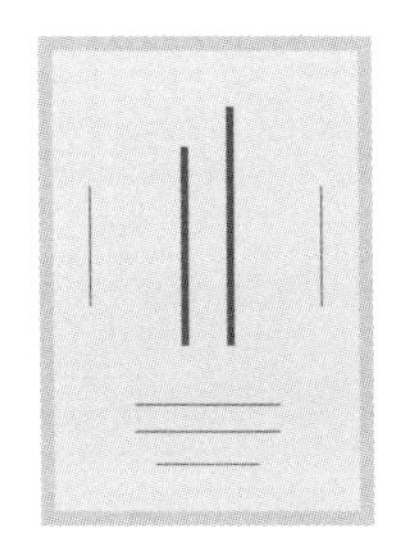

主要配色：

C10 M75 Y70 K0
R220 G95 B69

C8 M16 Y48 K10
R223 G202 B138

C0 M0 Y0 K100
R0 G0 B0

字体：

DNP 秀英明朝 Pr6 / M

はじめての

AP-OTF 解ミン 月 StdN / M

1

2

泡沫
夢幻
ほうまつむげん
それは、儚い
劇団 FUKUIN
定期公演会
5/13 SAT → 5/21 SUN
開場 PM2:00 開演 PM3:00

3

4

1.改变部分汉字笔画的颜色。 2.对文字进行局部清除处理，强调主标题的含义。
3.对汉字进行局部模糊处理，使其与背景融为一体。 4.用圆形替换汉字的短笔画。

拆解最想表现的文字，加入装饰元素进行设计组合，引发强烈的视觉冲击。

〖 设计要点 〗

面对难以出彩的汉字标题，

只需对其进行局部加工，就能提升视觉表现力。

单用文字也能进行视觉创作。

36 美妆品牌广告

选用视觉感染力强的英文衬线体，将其半透明叠加在照片上，打造图文融合的视觉效果。

柔美英文衬线体

英文衬线体与宋体有着相似的外观特征，能为和风设计带来优雅、大方的氛围。

1. 主标题采用细宋体，营造出脱俗美感。

2. 英文衬线体带来华丽的视觉效果。

3. 点缀一些花朵元素，为设计增添娇艳美感。

版式：

主要配色：

C4 M7 Y6 K0
R248 G241 B238

C9 M23 Y22 K0
R237 G208 B195

C7 M66 Y63 K0
R237 G119 B85

字体：

今日も明日も

FOT-筑紫Aオールド明朝 Pr6N / L

Beautiful

Essonnes / Headline Bold

1

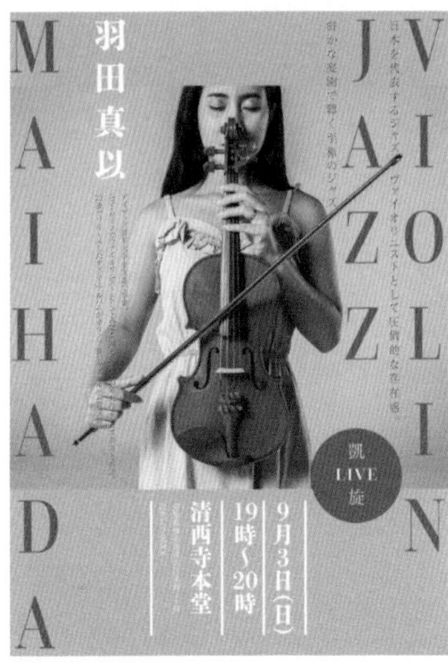

2

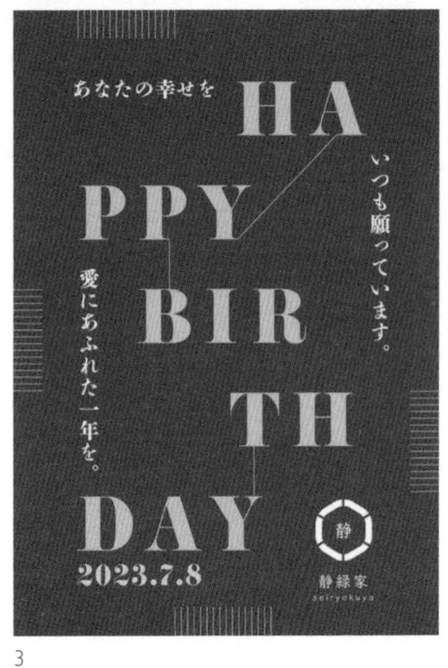

3

1. 将英文衬线体文字设计成浮雕样式。 2. 竖排英文呈现出一种别样的日式风格。
3. 以英文衬线体文字为视觉主体，搭配和风色彩，形成和谐统一的设计风格。

对英文衬线体文字进行局部消除处理，并调整其余部分的大小和方向，使其像拼图一样组合起来。

【设计要点】

跳出惯性思维，不要把英文衬线体文字看作单纯文字，
而应该将其作为平面设计元素来运用，
并融入日式风格，打造现代风格版面设计。

专栏

06

季节感的表达方式

我们总是能敏锐地感知四季更替，在日常生活中珍惜并享受着四季所带来的情趣与韵味。运用好这种感知能力，在设计中有意识地融入季节感，可以让作品引发更大的共鸣。

表现季节感的方法不止一种，可以使用直观的季节意象或抽象形象来表现，也可以利用色彩营造季节感，还可以借助质感来真实展现季节感。如果能将在日常生活中感知到的季节感细节巧妙融入版面设计，那么你的作品肯定能更上一个台阶。

◆ 季节感的表现手法

下面举例介绍春、夏、秋、冬四个季节的表现手法。季节感的表现手法并不局限于所介绍的这些案例，请积极创新表现手法，设计出更加富有情趣的作品吧！

春 ／ **用春天的意象来表现**

在版面上轻轻撒落樱花花瓣。对一部分花瓣进行模糊虚化和大小变化处理，使版面产生透视感，显得更加自然。

夏 ／ **用抽象形象来表现**

不使用直观意象，而是采用泡沫和水等能让人联想到夏天的抽象形象来表现季节感。

秋 ／ **用色彩来表现**

即使不使用季节意象或抽象形象，也可以通过配色来营造季节感。

冬 ／ **用质感来表现**

将具有季节感的布质素材作为背景，打造出更加富有情趣和韵味的设计。

第 7 章

肃

37 —— 42

展现静的威严
与日式的韵味。
打造重视传统元素的
现代日式风格设计。

37 美人画展海报

超粗宋体适合用来表现传统、正式的主题，再采用大号字，更加凸显稳重大气感。

大号超粗宋体主标题

大号超粗宋体主标题，赋予作品威严气势。

1. 主标题大胆采用大号超粗宋体，带来强烈的视觉冲击力。

2. 主要信息也采用与主标题一样的超粗宋体。

3. 为背景加上渐变效果，营造出轻松氛围。

版式：

主要配色：

C52 M68 Y20 K0
R141 G96 B144

C10 M3 Y2 K5
R227 G235 B240

C5 M5 Y10 K6
R236 G233 B225

字体：

艶やか美人画

凸版文久見出し明朝 Std / EB

11 25 SAT

Didot LT Pro / Bold

失败案例

字体的视觉感染力不强

1

2

3

4

1. 书法字体的可读性不强。 2. 字体不够正式。
3. 细宋体视觉效果弱。 4. 字体风格过于柔和。

成功案例

字体融入设计风格

1

2

设计要点

除了放大粗体字进行排版，设计时还要考虑版面的视觉平衡，不要让文字影响到图形或照片。

1.贴着版面边缘排版标题。 2.四字主标题组成方块。

38 日式巧克力广告

将金箔设计成水墨风格，大胆挥毫，塑造出高级巧克力品牌的风格。

金色的优雅表现形式

金色的表现形式是多变的，有金箔、金粉、金色颜料等，只要在使用时把握好轻重缓急，就可以表现出高雅美感。

1. 充分留白，与金箔形成视觉对比。

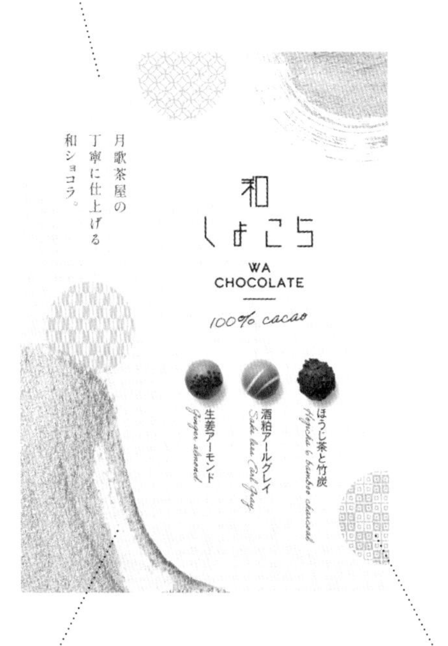

2. 如同笔迹般的金箔，彰显了设计的大胆新奇。

3. 运用半透明的圆形和风纹样，为版面增添动感。

版式：

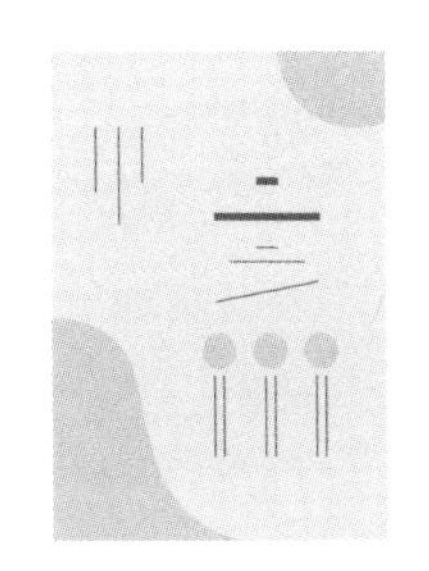

主要配色：

C10 M20 Y60 K0
R234 G206 B118

C25 M48 Y60 K0
R199 G146 B103

C60 M70 Y75 K30
R100 G71 B57

字体：

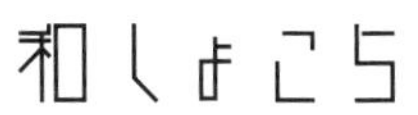

TA-方眼K500 / Regular

月下茶屋の

しっぽり明朝 / Regular

失败案例

金箔的处理手法过于粗放

1

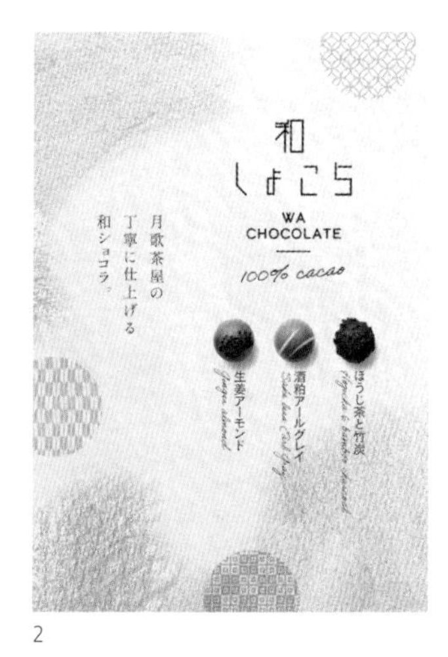

2

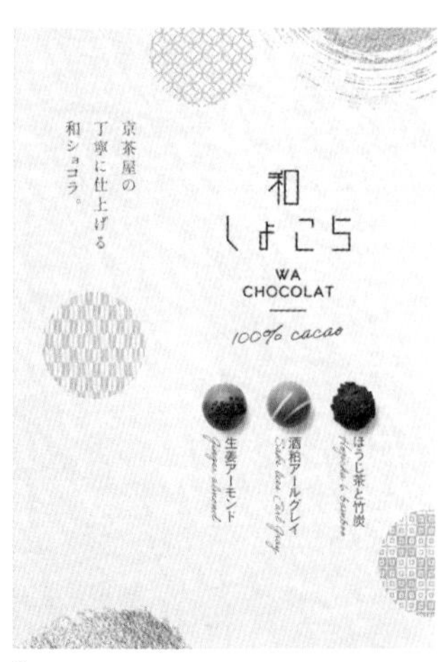

3

4

1.金箔用量过多。 2.金箔过于透明。
3.金箔用量太少。 4.金箔无质地，缺乏高雅感。

成功案例

适度运用金色，打造高雅风格

1

2

典型案例

设计要点

金箔能赋予作品高雅感，但是如果应用不得当，很容易给人留下高调奢华的印象。在运用时只有把控好度，才能获得高雅感。

1.用金箔表现文字。 2.把金箔裁切成松树形状。

39 高级刀具广告

哑光质感的黑色，让人感受到产品的工匠气质和优良品质。

魅力黑

日式风格中的黑色，展现出现代且庄严的美感。同为留白，在视觉上，黑色就比白色更沉稳，散发出神秘魅力。

1. 充分留白的黑色背景，散发出高级感。

2. 半透明文字与背景之间的轻微色差，营造出别样的高雅感。

3. 用极少的元素构成简洁版面。

版式：

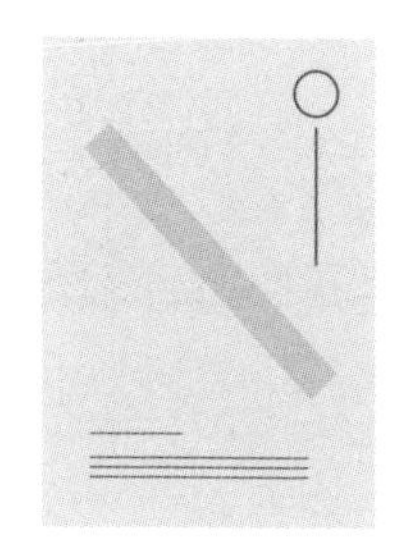

主要配色：

C75 M70 Y70 K30
R70 G67 B64

C80 M75 Y75 K54
R41 G42 B40

C0 M0 Y0 K0
R255 G255 B255

字体：

堺刃研師 青葉勇

DNP 秀英横太明朝 Std / M

TA風雅筆 / Regular

1

2

3

1.采用石头质感的黑色纹理作为背景。 2.暗黑色调照片搭配金色文字，让人眼前一亮。
3.将夜色融入黑色背景，打造奇幻视觉效果。

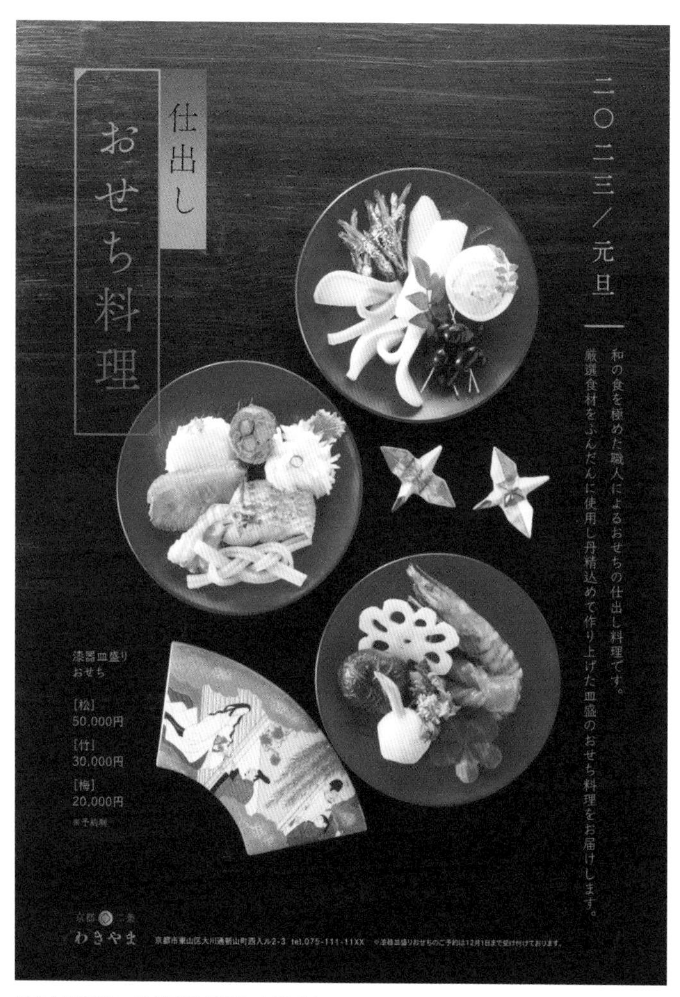

黑色衬托彩色，让料理显得更加光鲜诱人。

设计要点

黑色能让人联想到黑暗和寂静。
使用黑色进行创作时，一定要保证风格的沉稳大气，
尽量简化设计，内容不宜过多。

40 水果大福价格单

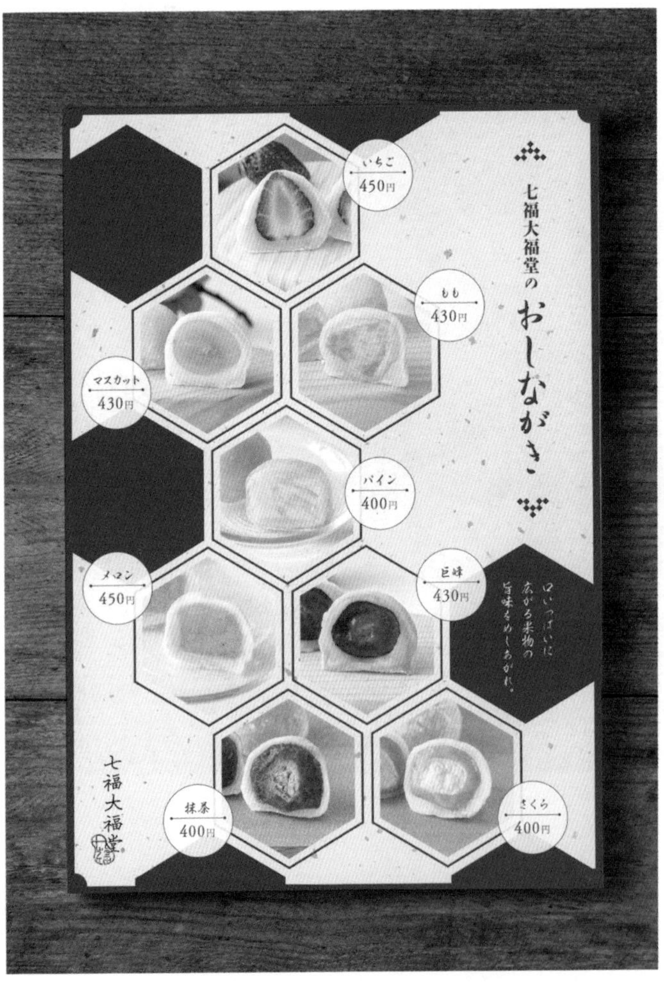

将产品图裁切成六边形并对其进行排列组合，营造日式风格氛围。

六边形构图法

形似龟甲纹的六边形，对兼具传统与现代元素的日式风格设计来说，是不可或缺的图形元素。

1. 不干扰六边形主图，选用“半透明色块+细线”的低调组合来表现商品价格。

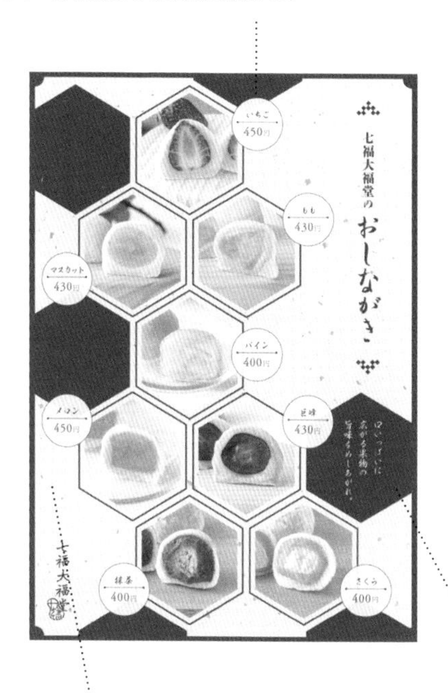

2. 不用六边形填满版面，而是利用留白来营造出开放感。

3. 随机留下几个六边形色块，为版面带来视觉韵律，营造出脱俗感。

版式：

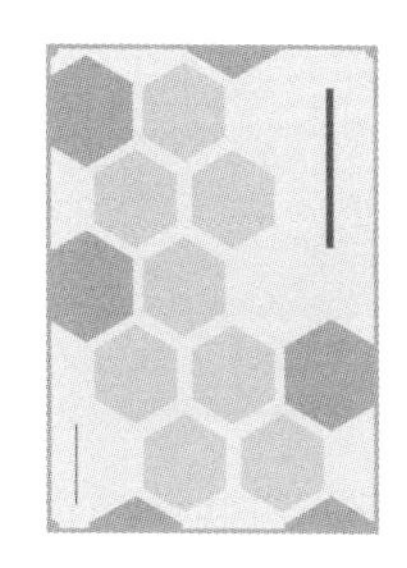

主要配色：

C33 M90 Y94 K0
R180 G59 B41

C7 M5 Y9 K0
R241 G241 B234

字体：

おしながき

AB味明-草 / EB

口いっぱいに広がる

KSO心龍爽 / Regular

1

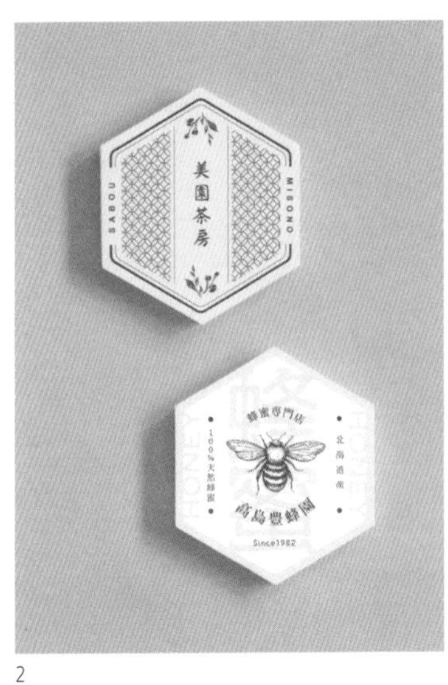

2

3

1.龟甲纹与和风花纹相结合的图形设计。 2.六边形包装设计，体现了独特的日式风格。
3.只要将标题放进六边形之中，高级感就跃然纸上。

把文字加工成六边形，展现出沉稳感和趣味性并重的日式风格设计理念。

【设计要点】

六边形比圆形更锐利，比正方形更柔和，
是一种非常适合日式风格设计的元素。
它的实用性很强，记得多多在设计中加以运用。

41 陶艺作家展广告

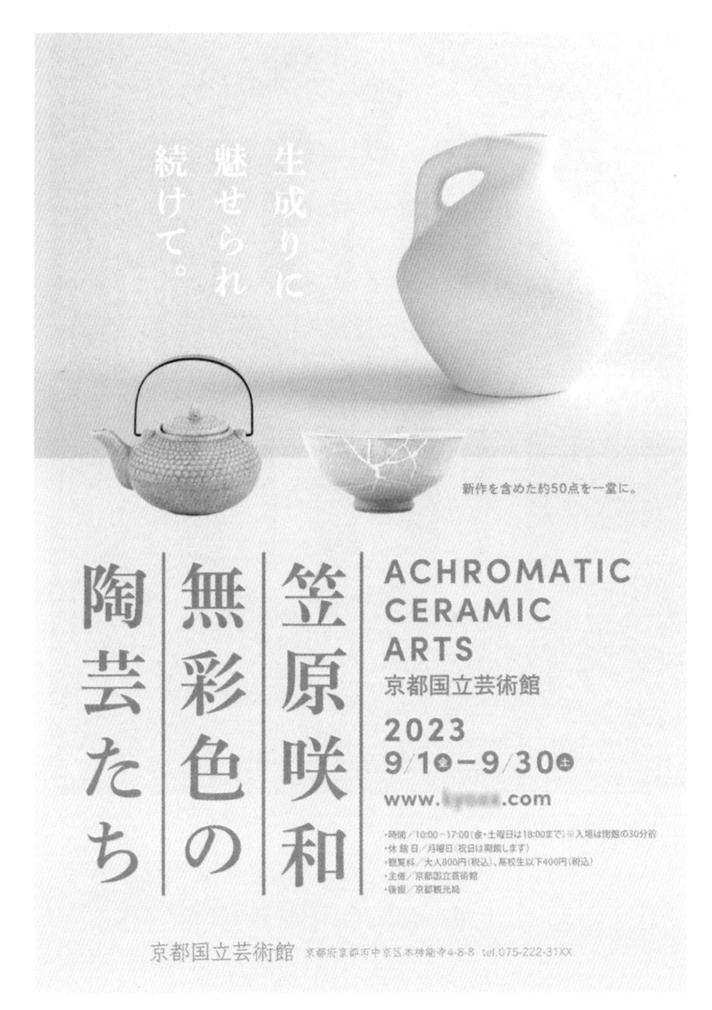

淡色标题配上同色粗线更为引人注目。

竖线构图法

为竖排文字加上线条，模仿古风信笺效果，使竖排文字得到强调，提升主标题或文案的吸引力。

1. 在照片上制造留白，与版面下半部分形成疏密对比，实现张弛有度的版面效果。

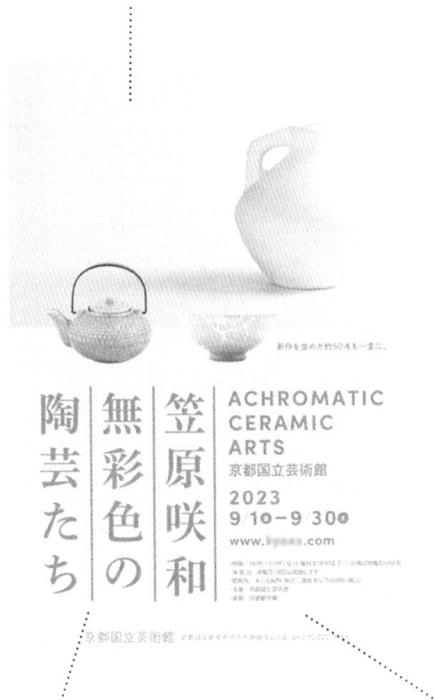

2. 为淡色主标题加上同色线条，更容易吸引眼球。

3. 产品图、配色均使用淡色系，构成和谐统一的柔和画风。

版式：

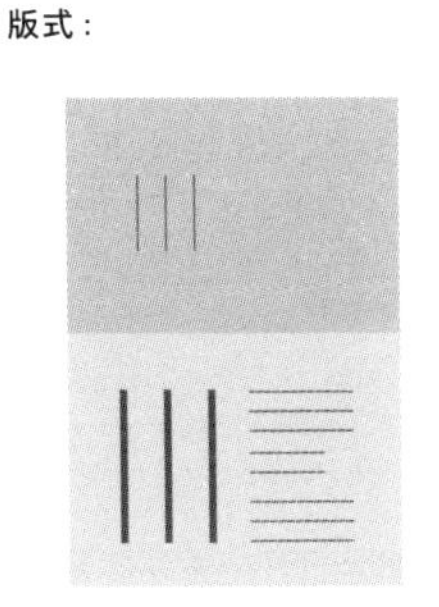

主要配色：

C18 M14 Y16 K0
R216 G214 B210

C0 M0 Y0 K50
R159 G160 B160

C5 M5 Y5 K0
R245 G243 B242

字体：

笠原咲和

DNP 秀英明朝 Pr6N / B

ACHROMATIC

Sofia Pro / Bold

1

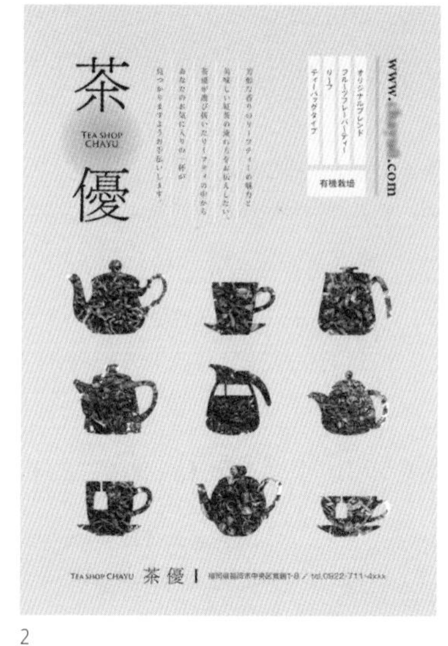

2

3

1. 用虚线装饰主标题。 2. 用线条标示内容提要部分，引导读者像读信一样仔细阅读文字。
3. 分隔类目的线条是一个设计亮点。

以双重线为亮点的带状设计。

【 设计要点 】

在想要重点表现的部分画上线条。
可以从长度、粗细、种类等方面对线条进行多元化设计，
创作出丰富多样的版面风格。

42 浮世绘画家作品展海报

将个性粗体字人名置于版面四角，加深了读者对人名的印象。

版面四角立汉字

大号汉字坐镇版面四角，形成稳定构图，给人以庄重、威严之感。

1. 版面四角排版选用具有浓厚日式风格的粗体字，使设计更加出彩。

2. 细长型黑体衬托出主标题文字的个性。

3. 插图与版面四角文字相结合，呈现出和谐统一、个性十足的风格。

版式：

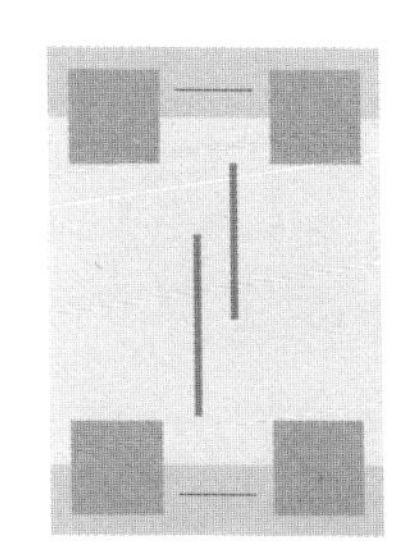

主要配色：

C0 M0 Y0 K100
R0 G0 B0

C11 M12 Y22 K11
R215 G208 B189

C0 M0 Y15 K0
R255 G253 B229

字体：

若田千周

AB-quadra / Regular

ユーモラスな

FOT-UD角ゴC80 Pro / B

失败案例

整体版面未达到视觉平衡

1

2

3

4

1. 版面四角汉字偏小，不够显眼。 2. 版面四角文字排版无章法，显得杂乱。
3. 版面四角汉字的手写字体不够大气。 4. 版面四角汉字的字体太细，张力不足。

成功案例

风格协调统一，达到视觉平衡

1

2

典型案例

设计要点

在版面四角配置大号汉字时，尽量精简其他元素，并通过大小对比、字体变化等方法，实现张力十足的版面效果。

1.增大留白，给人以干净利落的视觉印象。
2.放大文字，并将其置于背景中，营造出一种沉稳大气的风格。

专栏

07

日本传统色

朱红色、靛青色等常见的和风色彩，都属于日本传统色。

所谓日本传统色，是指从日本的风土人情和丰饶环境中孕育而生的日本特有的色彩，其中有许多色彩在生活中也很常见。将这些传统色应用到配色方案中，不仅可以加强日式风格，还有助于发扬与传承日本传统文化。下面介绍一些常用的日本传统色。

朱红色

CMYK 8/75/99/0

RGB 225/95/13

一种略带黄色的鲜红色，与印泥的颜色相似。它取自一种矿物颜料，自绳纹时代[1]起就开始被日本人使用。

靛青色

CMYK 90/64/38/1

RGB 22/90/126

由有机染料靛蓝染出来的深蓝色。靛蓝是世界上最古老的染料之一，在日本于江户时代至明治时代[2]期间逐渐得到推广。

山吹色

CMYK 5/37/92/0

RGB 239/175/17

一种微微泛红的黄色，与棣棠花颜色相近。日本人自平安时代起就开始广泛使用它。古时日本大小金币的颜色就是它。

若草色

CMYK 33/5/91/0

RGB 188/207/45

一种明亮的黄绿色，是早春嫩草发芽的颜色。作为一种日本传统色，其历史可追溯至平安时代。它是日本传统服装中的一种配色。

樱花色

CMYK 0/17/6/0

RGB 251/225/228

如樱花般的淡红色，是日本春天的代表色，为许多文人墨客所喜爱。

江户紫

CMYK 66/75/13/0

RGB 111/80/145

是指江户地区染布用的紫色，是一种带有蓝色调的紫色，为江户的代表色之一。

亚麻色

CMYK 19/24/32/0

RGB 214/195/173

亚麻纤维的颜色，是一种略带黄色的浅棕色。据说，亚麻色的名称并非源自日本，而是因法国作曲家德彪西的《亚麻色头发的少女》这首钢琴曲而广为人知。

银鼠

CMYK 36/29/27/0

RGB 176/175/175

略带蓝色的亮灰色，与银色很相似。江户中期禁止穿着色彩艳丽的和服，银鼠是当时的流行色之一，属于灰色系中较亮的一种灰色。

[1] 绳纹时代是指日本旧石器时代末期至新石器时代，这一时期以绳纹陶器的逐步使用为主要特征。——译者注

[2] 明治时代（1868—1912年）是日本明治天皇在位的时期。——译者注

第 8 章

旧

43 —— 47

洋溢着旧时代的韵味和温情，复古与创新相结合的奇妙设计。

43 盆栽展海报

通过对文字和装饰元素进行粗糙化和透明化处理，打造印刷风格。

怀旧老式印刷风

大胆对版面进行错版和做旧处理，实现如同Riso印刷[1]和版画一般的复古又温馨的风格效果。

1. 刻意留出部分未上色区域来展示纸质纹理，不失为一种有趣的表现手法。

2. 给轮廓线添加抖动效果，真实再现印刷油墨的晕染效果。

3. 通过减少色彩数量，直观展现出老式印刷的风格与韵味。

版式：

主要配色：

C10 M78 Y36 K0
R219 G88 B114

C67 M17 Y50 K16
R77 G148 B128

C33 M16 Y54 K19
R162 G171 B118

字体：

盆栽展

DNP秀英丸ゴシック Std / B

BONSAI

American Typewriter ITC Pro / Medium

[1] Riso印刷译自Risograph，是一种类似于版画的印刷方式，起源于20世纪80年代的日本。——译者注

失败案例

印刷风格表现不到位

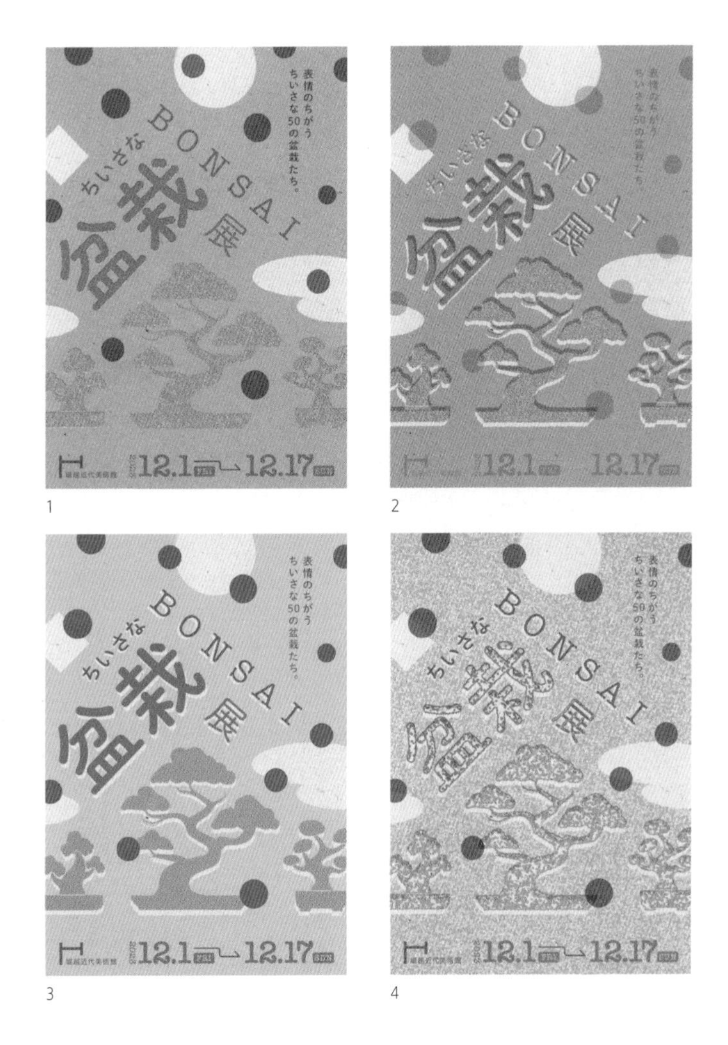

1. 缺乏老式错版印刷的韵味。 2. 配色为相近色，双色印刷成为无用设计。
3. 纯色风格毫无印刷感。 4. 做旧效果不自然。

成功案例

风格自然，版面美观

1

2

设计要点

可以运用错版印刷、磨损做旧、色彩叠加、减少色彩等手法进行版面设计，重点是要再现老式印刷的独特韵味。

1.充分展现图形间的叠色效果。 2.单色照片和网点素材也可用于老式印刷设计。

44 町家[1]活动宣传单

将粗线条作为外边框，版面形成整体感，辨识度得以提升。

[1] 町家是一种商铺兼住宅的日式传统建筑形式。——译者注

利用边框打造古典世界

在复古风格的装饰边框之中，填充如游乐园般有趣好玩的设计元素，用心打造古典世界。

1. 将标题框叠加在外边框上，打造精致立体感。

2. 引入装饰和插画元素，描绘出繁华热闹的氛围。

3. 在背景色上填充一层淡奶油色，加深复古氛围。

版式：

主要配色：

C72 M77 Y68 K31
R77 G58 B63

C20 M75 Y89 K0
R204 G93 B43

C2 M8 Y31 K0
R252 G236 B190

字体：

京町家

AB-kotsubu / Regular

アウトドア

TA-kokoro_no2 / Regular

失败案例

边框未得到充分运用

1

2

3

4

1.外边框线条太细，整体比例不协调。 2.外边框上的装饰元素过多。
3.外边框的设计风格与复古风格不太沾边。 4.外边框太小，导致整体设计偏小。

成功案例

边框成为设计亮点

1

2

典型案例

设计要点

调整好线条粗细和装饰效果，以保证边框与其他元素达到视觉平衡。

1.边框四角带有复古插画元素。 2.选用特殊形状的边框来摆放主标题。

45 电影放映会海报

将黑白照片与放射光束进行搭配组合，打造复古风格。

打造复古风格

简单加工照片，即可实现复古怀旧的视觉效果。下面为大家介绍几种能够加深复古氛围的加工技巧。

1. 选用黑白照片，多图组合时更易统一色调。

2. 可以采用局部应用和降低对比度的手法来处理放射光束，视觉效果会更好。

3. 主标题选用复古字体，加深复古氛围。

版式：

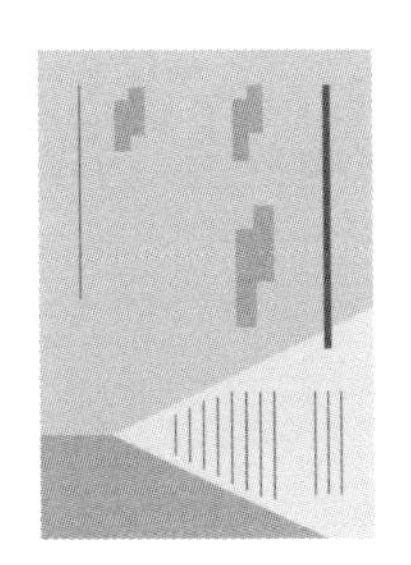

主要配色：

C57 M7 Y30 K15
R101 G170 B168

C15 M25 Y36 K0
R222 G196 B164

C27 M88 Y91 K0
R191 G63 B42

字体：

活弁ライブ

AB-tombo_bold / Regular

見てうっとり

Zen Kaku Gothic Antique / Black

1

2

3

1.通过半色调处理，制造出网点印刷的颗粒感。 2.模仿昭和时代[1]的插画风格，打造土味设计。 3.将随处可见的日常风景照加工成胶片风格。

[1]昭和时代（1926—1989年）是日本昭和天皇在位的时期。——译者注

照片与插画、图形以拼贴的方式相结合，为作品增添一抹神秘色彩。

〖 设计要点 〗

打造复古风格只是第一步，
结合不透明度、渐变色等表现手法，
可以创造出更多意想不到的全新视觉效果。

46 日本道路驿站[1]免费报刊

如复古报纸般的版面设计十分引人注目，可激发读者的阅读兴趣。

[1] 日本的一种综合性道路设施，类似于中国的高速公路服务区。——译者注

报纸风格

通过采用报纸风格的版面设计，打造吸引眼球的怀旧风读物。

1. 背景素材的选择，对报纸风格的塑造很重要。

2. 在边框上叠加插画元素，以达到柔化设计的目的。

3. 在右上角放置严肃醒目的刊头，使版面更有日本报纸的感觉。

版式：

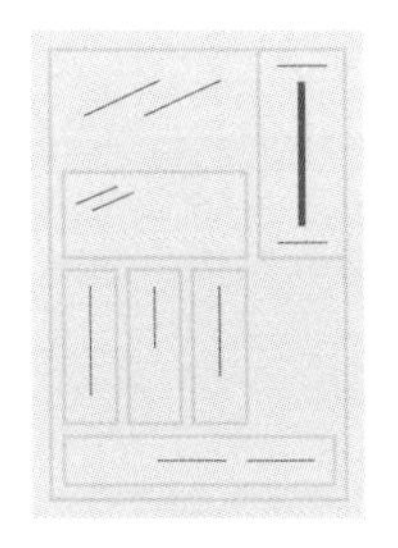

主要配色：

C9 M19 Y85 K0
R237 G205 B49

C49 M95 Y100 K24
R127 G37 B31

C3 M4 Y11 K0
R250 G247 B233

字体：

和田知

AB-quadra / Regular

わだちの街

VDL アドミーン / R

1

EXHIBITION

世界初展示

土器

2023

10.20(金)→29(日)

大阪境谷博物館 1階特別展示室

11:00-19:00 期間中無休

POTTERY

2

3

1.即便是单色设计，也可以通过文字和插画创作出有趣的风格。 2.将亮色作为强调色，叠加在版面上。 3.运用碎纸和装饰胶带，打造拼贴画风。

利用线条进行分区排版，线条还起到引导视线的作用。

【 设计要点 】

一份报纸背后藏着许多能增强长文可读性的技巧。

设计报纸风格的版面时需要考虑分组布局、标题大小等因素，

推荐参考实物报纸来进行创作。

47 寿司包装盒

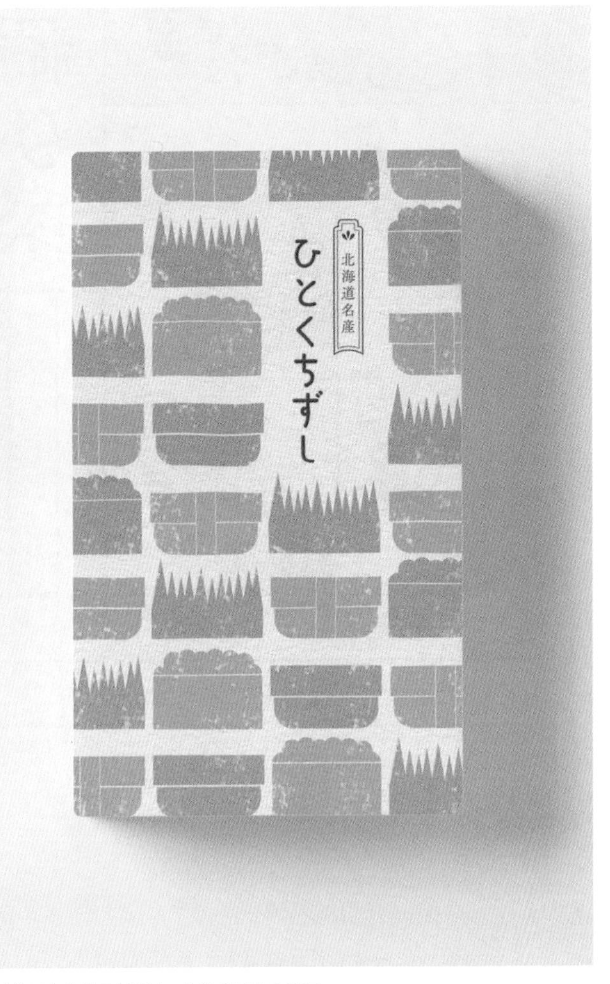

重复排列的图案简单又好设计，这就是其魅力所在。

重复插画图案

可以将不常见的插画图形制作成重复图案，应用于俏皮可爱风格的设计。

1. 寿司这种独特形状，通过排列而变得很可爱。

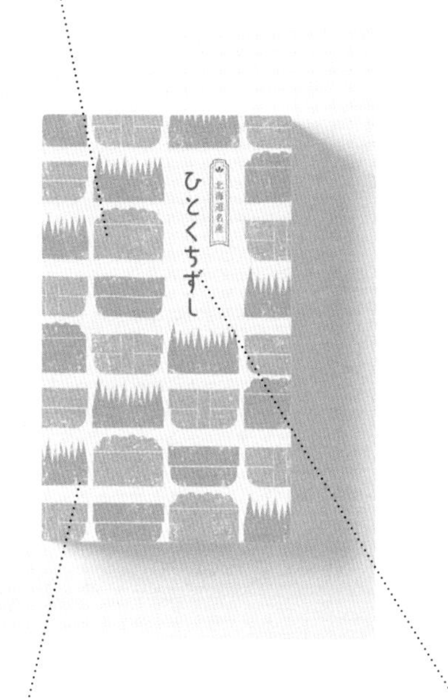

2. 双色印刷的包装设计，散发出手工作品的感觉。

3. 将商品名称设计成浮雕样式，为设计增添一丝高级感。

版式：

主要配色：

C13 M24 Y85 K0
R228 G194 B52

C28 M31 Y60 K0
R196 G174 B114

C74 M44 Y100 K4
R81 G120 B53

字体：

ひとくちずし

AB-babywalk / Regular

北海道名産

FOT-筑紫Aオールド明朝 Pr6N / L

1

2

3

1. 将与澡堂主题相关的插画制作成图案，并将其重复排列，作为明信片的正面。
2. 放大图案，创造出华丽且动态的视觉效果。 3. 在版面中几乎堆满吉祥物图案，显得格外可爱。

背景图案使用的是关东煮的插画。在文案的下方铺上色带，增强版面层次感，同时提升文字辨识度。

设计要点

使用食物、动物等有趣的形象制作原创图案。
在版面上大面积填充图案，充分彰显设计个性。

专栏

08

借用日本名画做版面设计

你知道吗，可以借助葛饰北斋、尾形光琳和伊藤若冲等画家的名画做版面设计，这些作品是公共版权作品。公共版权作品是指版权保护期已过或被作者放弃版权的作品，可以免费使用和加工，用于个人和商业用途。

合理使用公共版权作品，只要发挥创意，就能运用日本画和浮世绘来创作视觉冲击力超群的作品。

◆ 来试试公共版权作品吧 ◆

设计要点

使用作品：
葛饰北斋《神奈川冲浪里》
（大都会艺术博物馆）

❶ 将画作全图作为背景，并铺上大面积半透明色块，在默默展现存在感的同时，使文案得到强调。

❷ 通过删除色块的部分区域，彰显作品的亮点之处，不失为一种有趣的表现手法。

注意

在使用某个作品前，一定要仔细检查，确保其属于公共版权作品。此外，有的作品在不同场合的允许使用范围不同，一定要确认好使用条款和许可协议，确保在规定的范围内使用该作品。

第 9 章

新

48 —— 53

融合传统与现代的平面设计，标志着一个版面设计新时代的到来。

48 民间艺术品展会传单

既展现出传统民间艺术品的俏皮可爱，又兼具现代风格的大气脱俗。

纵横混排文字

竖排与横排文字的紧密排列组合，散发出一种现代脱俗感。

1. 在排列均匀有序的文字上随机放置挖版照片，赋予设计动感。

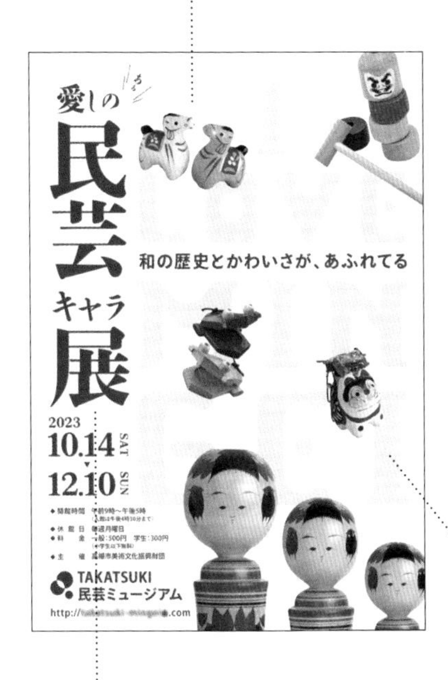

2. 主标题选用硬朗的宋体，为版面锦上添花，营造出浓郁的日式风格氛围。

3. 俏皮的字体，为设计增添了几分可爱感。

版式：

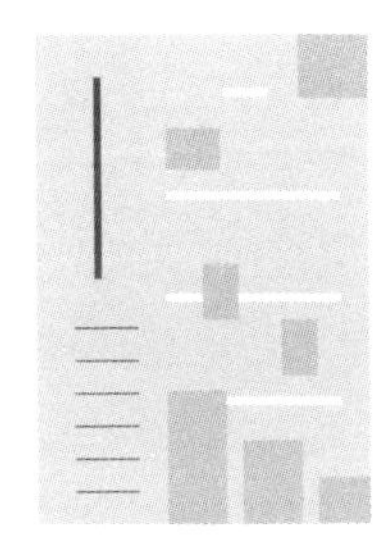

主要配色：

C32 M56 Y82 K55
R108 G71 B27

C0 M4 Y6 K8
R242 G236 B230

C0 M0 Y0 K0
R255 G255 B255

字体：

民芸キャラ展

AB味明-草 / EB

MINGEI

AB-shoutenmaru / Regular

1

2

1. 文字纵横交错。借助宋体与英文衬线体统一风格，实现高雅的日式风格设计。
2. 用纵横文字组将整体包围的版面设计。

将纵横文字主标题置于版面右上角。柔和、唯美的字体营造出一种安宁、祥和的氛围。

【 设计要点 】

纵横混排的文字组合设计，不落俗套，风格自由。

可对字体、配色、版式进行个性化设置，适用于各种日式风格设计。

49 日本单口相声表演宣传单

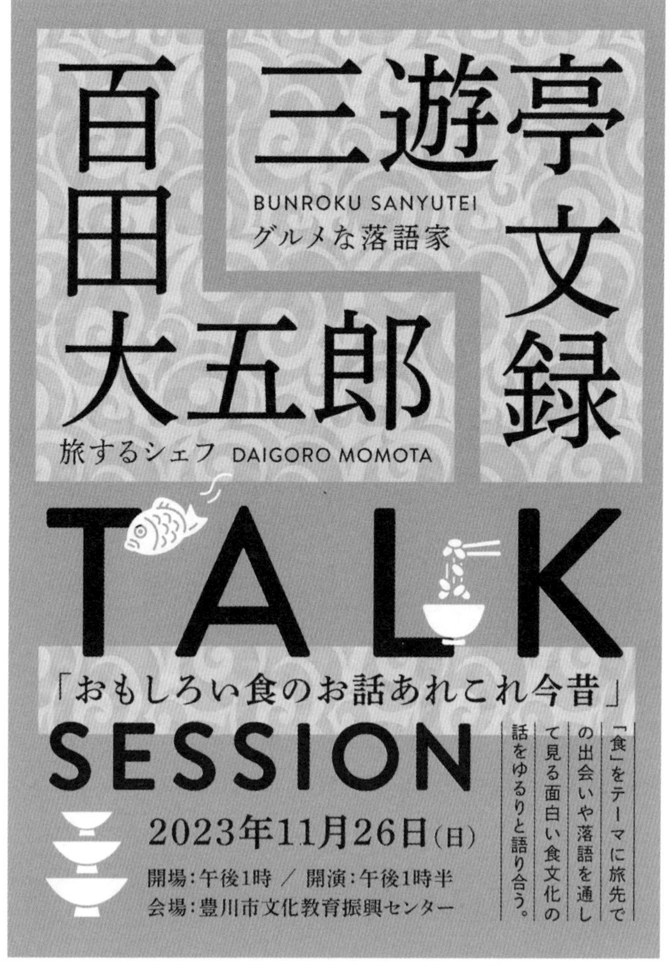

将文字与色带组合成块状，像拼图一样排列组合，使原本简洁的文案变得很有趣。

纯文字排版

设计以纯文字为主体的版面时，可以利用各种艺术化处理方式，向读者传达各种信息与无穷乐趣。

1. 在色带中融入淡色唐草花纹[1]，在增添日式韵味的同时，使设计更有意思。

2. 英文选用线性字体，与插画组合后也能保持干净利落的风格。

3. 借助线条来确保长文的可读性。

版式：

主要配色：

C26 M30 Y46 K0
R199 G179 B141

C9 M13 Y18 K3
R232 G220 B206

C0 M0 Y0 K100
R0 G0 B0

字体：

百田大五郎

DNP 秀英横太明朝 Std / M

TALK

Brandon Grotesque / Medium

[1] 一种日本传统纹样，花纹像藤蔓一样相互缠绕。——译者注

1

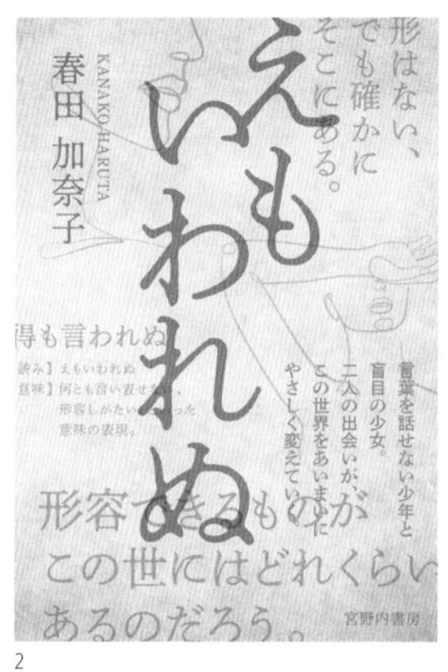

2

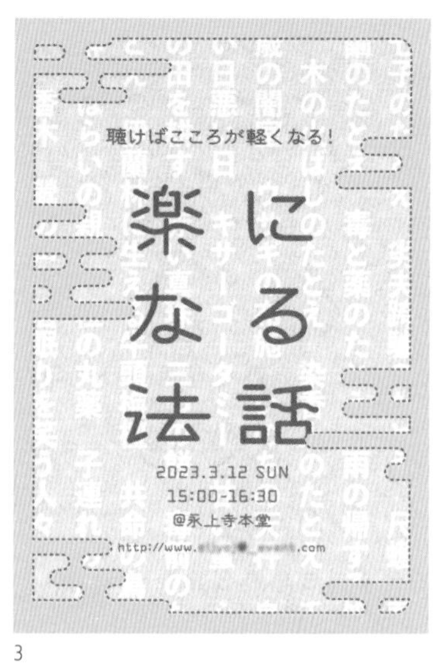

3

1. 以斜向文字填充版面的设计。 2. 双色文字重叠，展现出富有内涵的情绪感染力。
3. 在背景上铺设浅色文字，将其作为装饰元素来使用。

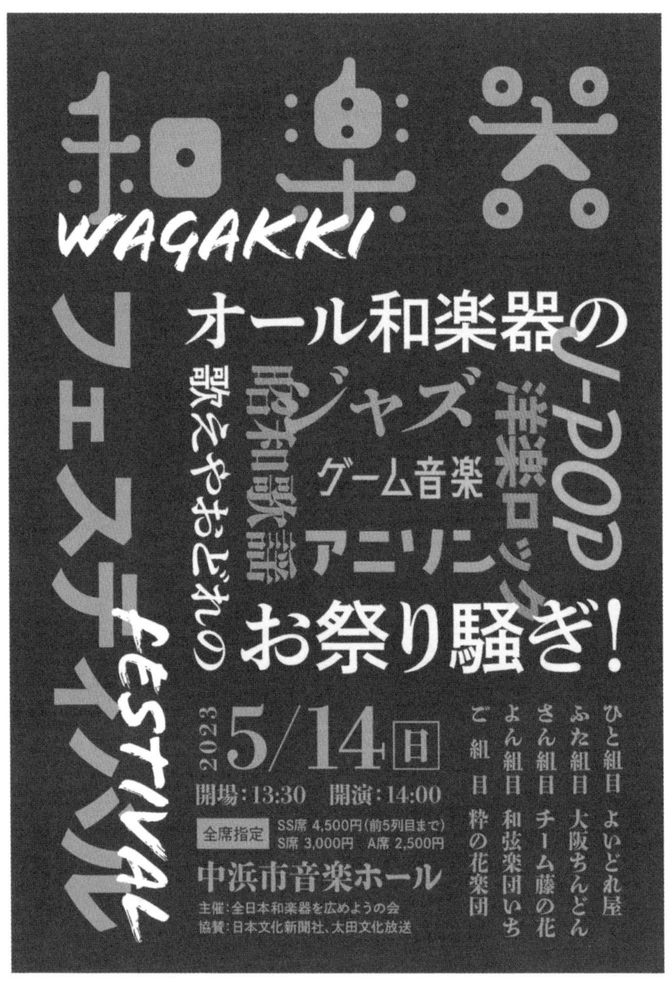

纯文字设计也能玩出花样，可以运用多种类型的字体营造出热闹感。

〖 设计要点 〗

整版的文字设计能够很好地传达信息。
可利用多种类型的字体与自由的排版方式，
实现有趣或超现实的风格设计。

50 传统工艺比赛广告

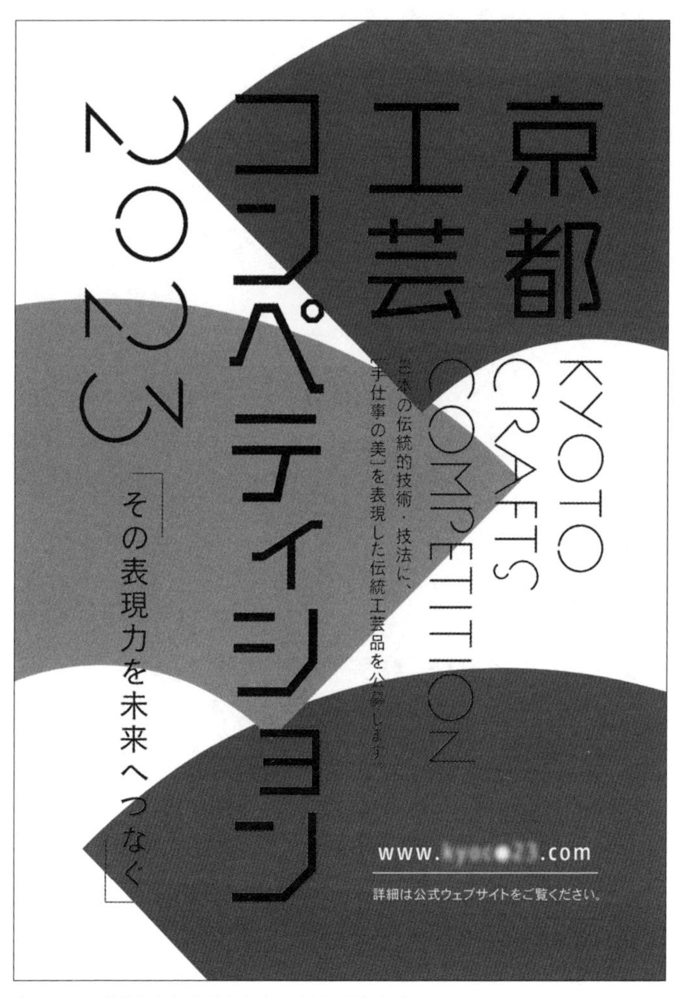

在“红+金”的背景上加入黑色文字，让版面更加出彩。

红+黑+金

红、黑、金是正统日式配色，可以直观表现出现代日式风格。

1. 用“红+金”背景和黑色个性字体，创造出强烈的视觉效果。

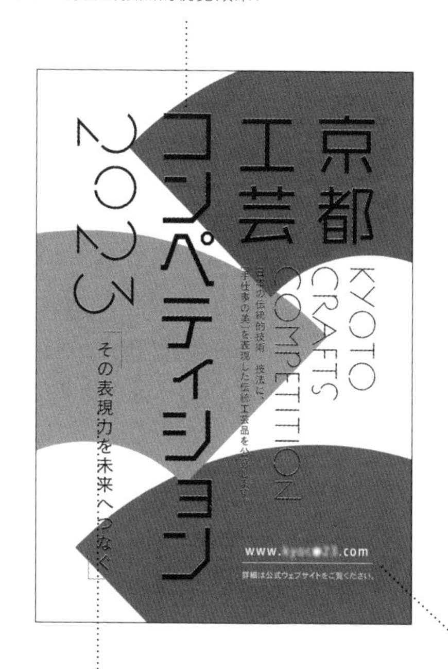

2. 红色和金色的折扇形叠加在一起，给人以现代日式风格的视觉印象。

3. 要想充分展现红、黑、金的配色效果，关键在于巧妙地用好白色。

版式：

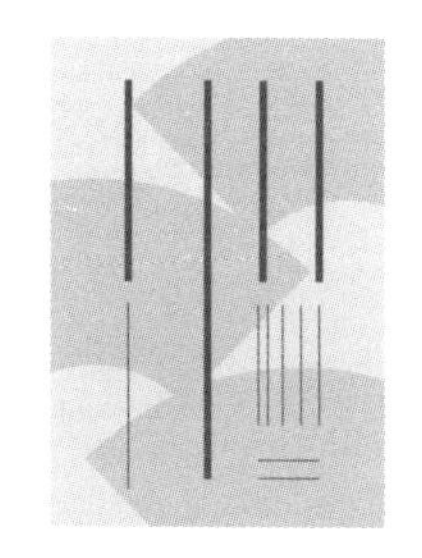

主要配色：

C10 M90 Y90 K0
R217 G57 B36

C30 M40 Y70 K0
R191 G157 B90

C0 M0 Y0 K100
R0 G0 B0

字体：

京都工芸

VDL ギガG / M

P22 FLW Exhibition / Light

1

2

3

4

1.用深浅不一的红、黑、金三种主要颜色构成市松花纹。 2.多种插画元素均使用红、黑、金三种配色，实现风格高度统一。 3.利用黑白照片和留白打造潇洒日式设计。 4.采用和服元素的大胆版面设计。

用日式风格的简单图形打造出和式圣诞氛围。除了红、黑、金三色，还可以使用浅暗色。

【设计要点】

即使有红、黑、金的色彩使用限制，
也可以通过调整配色比例、设置留白等处理方式，
打造出大气的现代日式风格设计。

51 化妆品海报

大胆构图，对浮世绘挖版素材进行组合排版，打造脑洞大开的搞笑风格。

日本古画新编

像浮世绘这种日本传统画，很容易给人带来枯燥死板的印象。但只要表现方法得当，就能让它变得欢快起来。

1. 写实的浮世绘搭配夸张的文案台词，形成欢快风格。

2. 为插画添笔，让版面变得更有趣。

3. 通过排版营造透视感，使整个场景产生故事性。

版式：

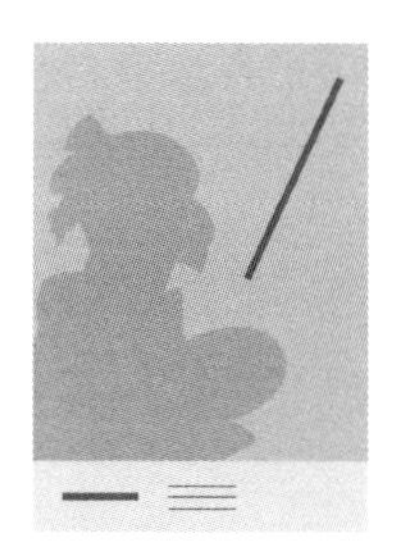

主要配色：

C8 M20 Y17 K0
R236 G212 B204

C0 M0 Y0 K100
R0 G0 B0

C0 M100 Y100 K22
R196 G0 B10

字体：

うる艶！

DNP 秀英明朝 Pr6 / B

フェイシャル
トリートメントクリーム

FOT-セザンヌ ProN / M

1

2

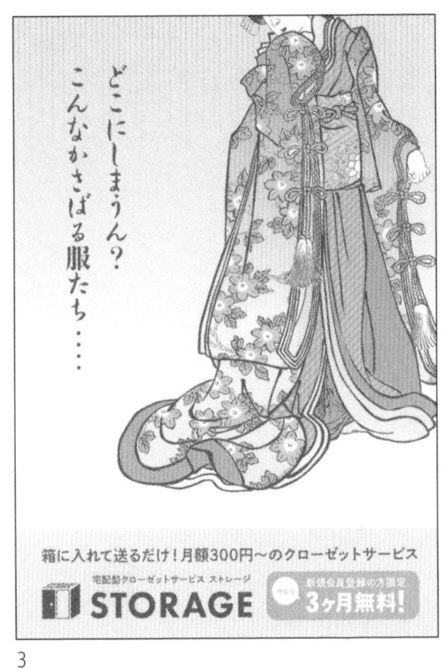

3

1.将迷你插画分散排版在主标题周围。 2.插画与主标题文字交织在一起，营造出独特的欢快氛围。 3.以插画为视觉主体，搭配大面积留白。

将插画裁切成酒瓶形状，打造玩心大发的个性设计。

设计要点

使用多种插画素材组合排版时，
可以根据画风统一色调、线粗等，
使整体风格协调一致。

52 传统酱菜铺购物卡

将沉稳的书法字体与英文字体相结合，既烘托出老字号的氛围，又散发出现代感。

Logo里的传统与创新

以文字为视觉主体的和风Logo设计，融合了和风与洋风，兼具沉稳与随性之美。

1. 将英文字母排列成拱形，形成现代风格装饰。

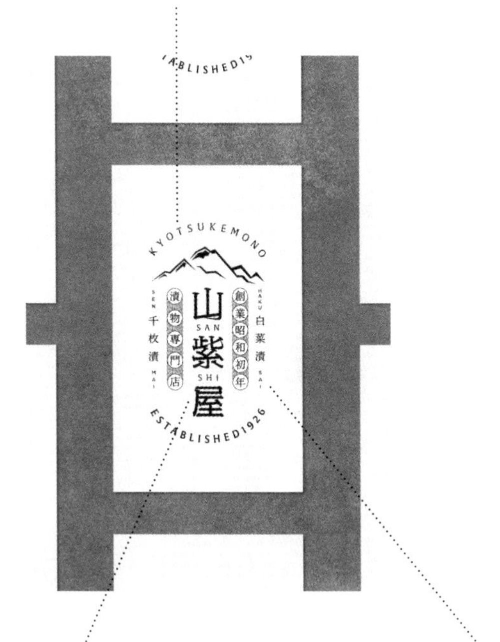

2. 选用端正的书法字体来表现作为视觉主体的店名。

3. 竖排英文小字，巧妙融入日式风格。

版式：

主要配色：

C0 M0 Y0 K100
R0 G0 B0

C0 M0 Y0 K0
R255 G255 B255

字体：

山紫屋

VDL 京千社 / R

TSUKEMONO

Alverata Informal / Regular

1

2

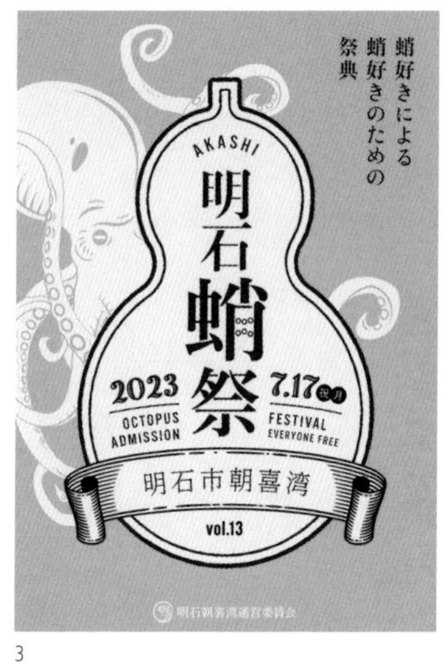

3

1. 将多种不同的Logo分散排列在整个版面上。 2. 细线与文字的构图具有现代感。
3. 选择符合主题的形状，将其边框化，并设计成Logo。

融合吸收了多种字体与插画元素的方形Logo设计。

〖 设计要点 〗

设计Logo时，要充分考虑排版构图，
填满图形中的空隙，这样就能营造出统一感。

53 艺术节海报

用简单的波浪形状和细腻的渐变色彩来表现美丽的日本大海。

新时代渐变色

渐变色自古以来就是描绘美景的绘画技巧，为人们所熟知。现在，让我们将它升级为现代化的表现手法吧。

1. 贴着版面边缘排版文字，打造令人印象深刻的版面。

2. 用渐变色来表现海浪上的阳光。

3. 文字与线条相结合的设计，十分富有现代感。

版式：

主要配色：

C70 M18 Y14 K0
R60 G163 B201

C3 M26 Y30 K0
R244 G203 B176

字体：

波ノ上

A-OTF 見出ミン MA1 Std / Bold

BIENNALE

Acumin Pro Wide / Thin

1

2

3

4

1.将图形叠加，并进行局部透明化处理，使形状变得模糊。 2.在照片上叠加渐变色，展现独特视觉效果。
3.利用渐变色创建文字。 4.用渐变色块遮住文字的一部分，以展现透明感。

使用渐变色来表现布满朝霞的天空。对和风花纹进行叠加排版，以体现版面层次感。

【 设计要点 】

当你想表现透明感、虚幻感、变迁之美的时候，
可以在设计中再现日本特色场景，
也可以对视觉元素进行模糊化处理。

“数艺设”教程分享

本书由“数艺设”出品，“数艺设”社区平台（www.shuyishe.com）为您提供后续服务。

“数艺设”社区平台 为艺术设计从业者提供专业的教育产品。

与我们联系

我们的联系邮箱是 szys@ptpress.com.cn。如果您对本书有任何疑问或建议，请您发邮件给我们，并请在邮件标题中注明本书书名及 ISBN，以便我们更高效地做出反馈。

如果您有兴趣出版图书、录制教学课程，或者参与技术审校等工作，可以发邮件给我们。如果学校、培训机构或企业想批量购买本书或“数艺设”出版的其他图书，也可以发邮件联系我们。

如果您在网上发现针对“数艺设”出品图书的各种形式的盗版行为，包括对图书全部或部分内容的非授权传播，请您将怀疑有侵权行为的链接通过邮件发给我们。您的这一举动是对作者权益的保护，也是我们持续为您提供有价值的内容的动力之源。

关于“数艺设”

人民邮电出版社有限公司旗下品牌“数艺设”，专注于专业艺术设计类图书出版，为艺术设计从业者提供专业的图书、视频电子书、课程等教育产品。出版领域涉及平面、三维、影视、摄影与后期等数字艺术门类，字体设计、品牌设计、色彩设计等设计理论与应用门类，UI 设计、电商设计、新媒体设计、游戏设计、交互设计、原型设计等互联网设计门类，环艺设计手绘、插画设计手绘、工业设计手绘等设计手绘门类。更多服务请访问“数艺设”社区平台 www.shuyishe.com。我们将提供及时、准确、专业的学习服务。